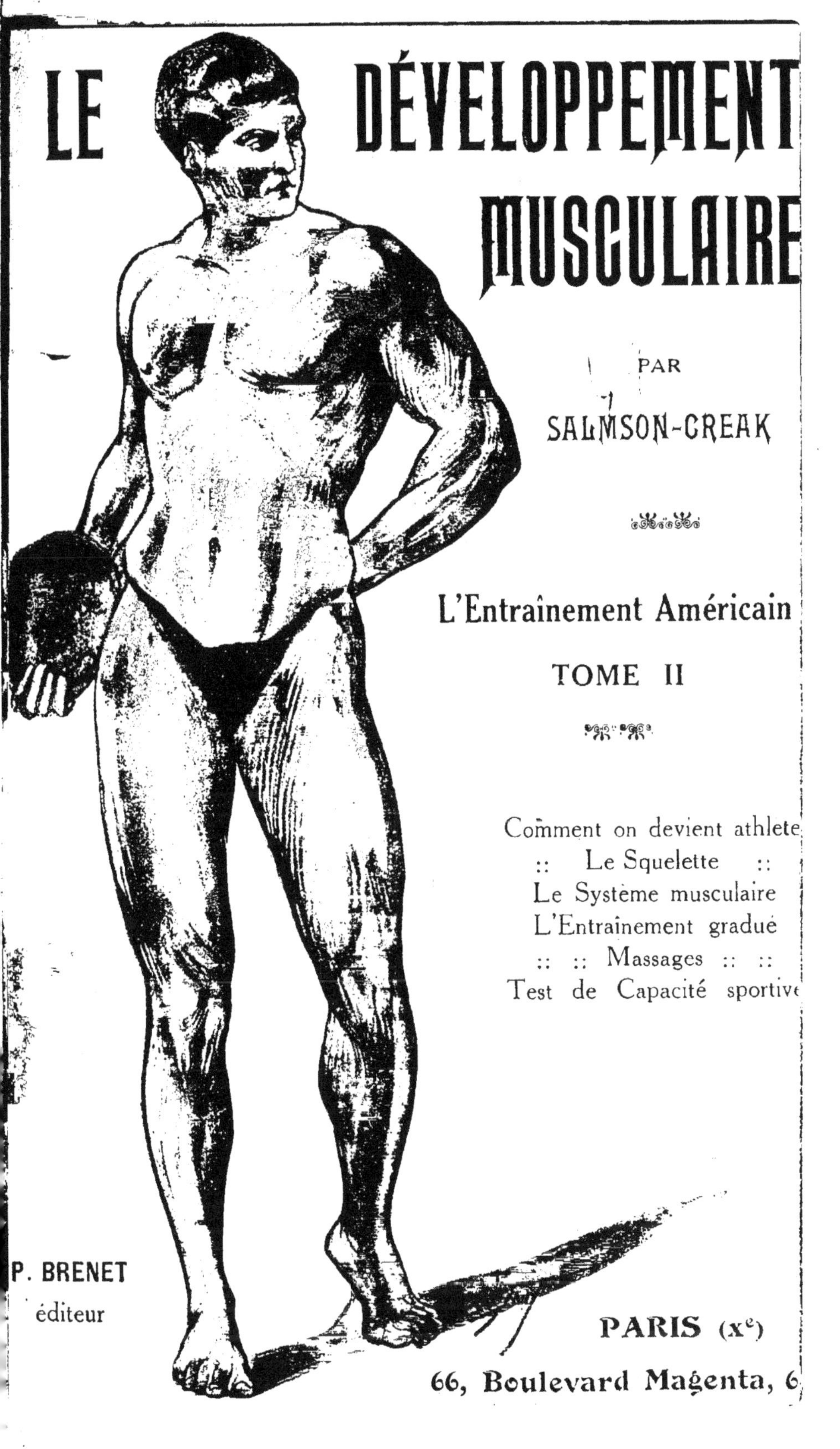
LE DÉVELOPPEMENT MUSCULAIRE
PAR
SALMSON-CREAK
L'Entraînement Américain
TOME II
Comment on devient athlete
:: Le Squelette ::
Le Système musculaire
L'Entraînement gradué
:: :: Massages :: ::
Test de Capacité sportiv
P. BRENET
éditeur
PARIS (X^{e})
66, Boulevard Magenta, 6

Le Développement Musculaire

GUIDES DU PARFAIT SPORTIF

L'ENTRAINEMENT AMÉRICAIN

Le Développement Musculaire

L'Entraînement gradué
Comment on devient un véritable Sportif
Les Muscles des Bras et des Jambes
Les Cinq Leçons du Sportif

PAR

SALMSON-CREAK

TOME II

P. BRENET, Editeur
66, BOULEVARD MAGENTA, 66
PARIS (Xe)

I

Le premier stade de l'entraînement terminé, nous voici donc à la mauvaise saison. Il s'ensuit que les exercices de marche rythmée ne pourront être continués avec autant de régularité. Ceci ne signifie point que nous devions nous en priver totalement; bien au contraire, nous profiterons de chaque beau jour pour nous y livrer; le dimanche matin par exemple, lorsque le temps le permettra.

Non seulement le froid s'oppose à ce que nous poursuivions cet exercice salutaire, mais aussi la brièveté des jours.

Il en résulte que nous devons trouver autre

chose qui ne soit uniquement fait pour entretenir les résultats acquis, mais en outre favorise la progression de notre vigueur, afin de nous mettre en état de supporter les efforts que nécessitera le retour de la nouvelle belle saison.

Ce second entraînement, étant donné les difficultés que dressent devant nous et la température et la journée courte, ne pourra être que la culture physique proprement dite.

Dans tous les ouvrages traitant de ce sujet, on parle d'exercices de respiration. Dans le présent travail on n'en trouvera aucun, parce que l'on n'entraîne pas la respiration dans une chambre fermée.

Conseiller de laisser toujours les fenêtres ouvertes..., etc., est absolument puéril. Il est incontestable que cette méthode soit excellente pour un individu vigoureux, mais nous ne nous adressons pas seulement à ceux-là. Or nous ne croyons pas que dans la famille, il soit possible de conserver les fenêtres mêmes entrebâillées, avec des adolescents de santé moyenne. Il serait nécessaire de compléter alors ce système, de multiples précautions de chauffage qui sont malaisées, en dehors des sanatoria spéciaux.

Nous dirons plutôt : ouvrez tant que vous pourrez, surtout lorsqu'il n'y a personne dans la chambre; mais en même temps conservez un degré de chaleur normal quand vous demeurez dans la pièce.

Les exercices de culture physique ne se feront donc pas les fenêtres ouvertes, excepté avec des individus parfaitement aguerris depuis leur plus jeune âge.

Mais la toilette terminée, lorsque vous ne craignez plus de refroidissement brusque, ouvrez largement.

Un autre détail important est

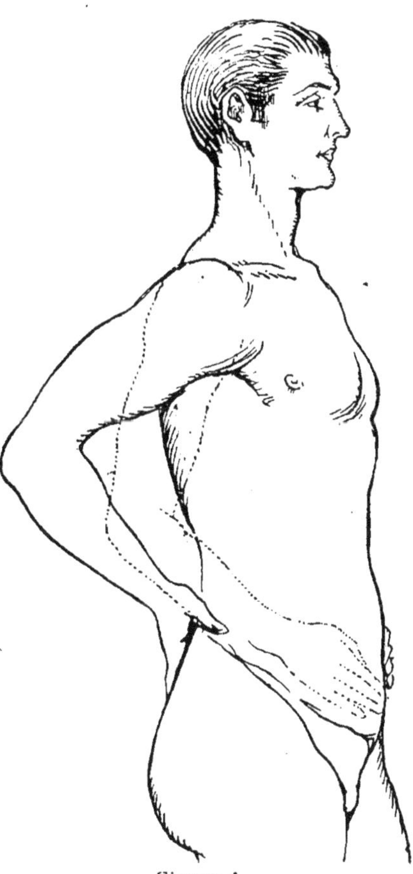

Figure 1.

d'avoir soin de fermer son lit dès que l'on en sort, surtout si l'on a l'intention de s'exercer dans sa chambre à coucher.

Il y a un autre procédé que nous recommanderons particulièrement.

Prenez les précautions indiquées au tome I, pour le lever. Ayez un pyjama chaud, sortez de votre lit, fermez-le soigneusement, ouvrez la fenêtre et passez dans une pièce voisine pendant dix minutes. Revenez et fermez. A ce moment, commencez les exercices de gymnastique, en suivant la gradation générale que nous détaillerons plus loin.

Ne vous livrez jamais aux exercices au saut du lit c'est une méthode déplorable, qui entraîne un surmenage considérable, autant physique que moral et qui nuit d'une façon toute spéciale à la circulation du sang.

Donc pour en revenir à ce que nous disions plus haut : on ne fait pas d'exercices de respiration en des chambres closes. On doit être en pleine possession de cette maîtrise de la respiration, si l'on a suivi notre entraînement du début, donné au tome I.

Par conséquent, durant tout le temps que dureront les mouvements de gymnastique ; si ceux-ci ne sont exécutés avec une précipitation mauvaise, la respiration demeurera régulière, sans inspiration violente comme sans expiration trop rapide.

Si l'on se sent en de bonnes dispositions, chaque dimanche matin, on se livrera à une courte marche rythmée, avec la canne entre les omoplates.

Pour cela, on se rendra sur le terrain, bien vêtu ; on fera un peu de marche ordinaire, jusqu'à ce que la chaleur du corps soit suffisante, puis, on retirera le *superflu*, on placera la canne et l'on marchera au pas accéléré, soit comptage de 6 par inspiration et expiration.

Cependant, on ne s'attardera pas, on se contentera du résultat obtenu, lorsqu'on percevra que les inspirations sont profondes et les expirations complètes, on s'habillera et on rentrera.

Voici les quelques principes généraux nécessaires à connaître, pour cette deuxième période de l'entraînement.

Evidemment il n'y aura pas eu de solution de continuité, entre la première et la seconde.

II

Il nous reste à noter quelques observations au sujet du vêtement d'hiver, de la nourriture et du bain.

Etre abondamment vêtu pendant la saison d'hiver est un indice de faiblesse physique autant que de manque d'énergie.

Toutefois il ne faut aller à l'extrême et pour jouer à l'athlète, se promener en bras de chemise sous la neige.

Il est important de porter sur le buste, un tricot, *fin*, de laine. Proscrire sur la peau, tout tricot épais, ne permettant la respiration cutanée. Donc de la laine fine, mais des manches toujours. Par les bras nus, on attrape froid aussi facilement que lorsque la poitrine est découverte.

En revanche, le caleçon ne sera pas collant; il est préférable de conserver ceux d'été, ou tout au moins remplacer la toile par le coton. Ils seront amples, ne gêneront jamais la marche.

Le caleçon de soie est nuisible, on ne devra en porter sous aucun prétexte.

Les chaussettes pendant l'hiver seront de préférence en laine épaisse, afin d'éviter aux extrémités les refroidissements brusques qui sont préjudiciables au cœur.

Les chaussures seront toujours larges, afin de permettre au pied, son complet épanouissement. On ne devient jamais coureur, ni sauteur avec l'habitude des souliers étroits.

L'usage du pardessus est naturellement obligatoire, il prévient les transitions brutales qui influent sur la circulation.

En résumé : tricot de laine fine ne gênant pas les mouvements; caleçon ample de coton, ne serrant pas au mollet, ni à la taille. Chaussettes de laine épaisse; les jarretelles devront être de bon caoutchouc, très souple, ne gênant pas la circulation aux jambes. Chaussures larges, en cuir flexible; toute semelle rigide est à éloigner comme étant confectionnée de cuir de seconde qualité.

Il est évident que pour devenir bon sportif, de multiples précautions sont nécessaires. Ces précautions ont pour but de maintenir l'équilibre de la santé, sans lequel, tout sport est interdit à l'individu. Mais ces nécessités peuvent se circonscrire en deux axiomes immuables :

« Ne jamais avoir les mouvements gênés. »

« Ne jamais subir de transitions brusques, de froid ou de chaud. »

Pour le régime alimentaire nous renvoyons le lecteur au tome I, où les quantités de chaque aliment sont précisées.

Ajoutons cependant que le sucre ingéré durant le jour, devra être augmenté autant que possible. On parviendra à ce résultat, en absorbant des confitures, par exemple le matin au premier déjeuner, une fois sur deux, l'autre matinée étant réservée au beurre. A midi, comme le soir, la confiture ou l'entremet au lait très sucré sera le meilleur dessert.

Une tasse de café, bien sucrée, après le déjeuner de midi est à recommander en hiver.

Un goûter à quatre ou cinq heures, si les occupations le permettent, offrira de multiples avantages. Ce goûter pourra être composé, soit de pain beurré, soit de pain et fromage. Un verre de thé léger sera une bonne boisson; mais en ce cas, éviter le thé fort qui est un stimulant inutile.

Naturellement, le vin comme l'alcool, ne sont que des coups de fouet, préjudiciables à l'organisme. Dans les alcools nous englobons évidemment tous les apéritifs, les spiritueux, les vins de liqueurs. Le sportif doit absolument s'en dispenser, surtout en hiver où la gymnastique ne vient pas aider aux combustions organiques.

En revanche, il ne faudra négliger d'absorber, ses deux ou trois verres d'eau par jour, comme nous l'avons conseillé dans le tome I.

Au petit déjeuner du matin, on augmentera

légèrement la quantité de lait, essayant d'approcher du demi-litre.

Le soir, 150 grammes de viande au lieu de 125 grammes, seront parfaitement supportables. Néanmoins on n'abusera pas du pain, qui réclame l'ingestion d'un fort volume pour être nutritif. Les macaronis et les pâtes en général, sont préférables.

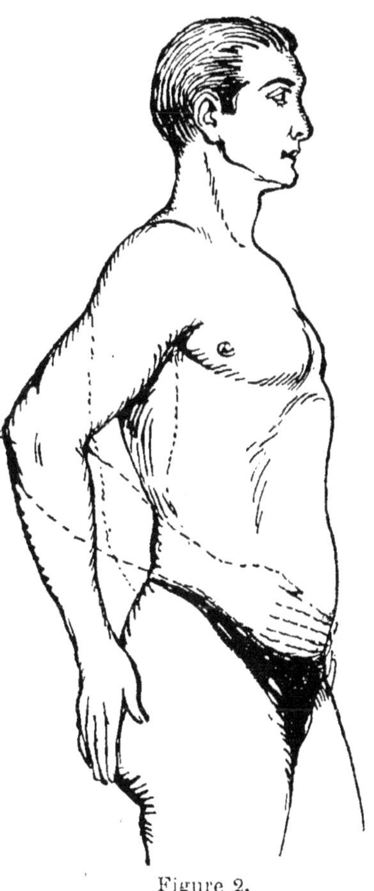

Figure 2.

L'œuf se supportera mieux en hiver que pendant l'été, cependant il restera un aliment de second ordre, le complément à un repas insuffisant. Des hygiénistes ont calculé qu'un litre de lait, vaut douze œufs, au point de vue des éléments nutritifs.

Pour l'alimentation, la question se résume donc à ne pas se *bourrer*, et de n'ingérer que les aliments offrant le maximum d'éléments rapidement assimilables.

Nous venons de passer en revue : la température nécessaire au bon fonctionnement de l'organisme; le vêtement tel qu'il doit être pendant l'hiver; le régime alimentaire de l'aspirant sportif et de tout adolescent en général.

Il nous reste à étudier ou plus exactement à compléter ce que nous avons dit dans le tome I sur l'hydrothérapie.

Si nous n'avons recommadé l'eau froide pour le tub d'été, nous la proscrivons évidemment l'hiver.

A l'eau du tub, on ajoutera environ un dixième d'eau bouillante, ce qui amènera la totalité à une température supportable.

On opèrera de la même façon que pour le début de l'entraînement, en évitant l'essoufflement qui résulte du contact brusque du liquide.

Le tub se prendra aussitôt après la séance de culture physique, toujours dans la même chambre, afin d'éviter le refroidissement.

Le bain achevé, on s'essuiera suivant la méthode conseillée dans le tome I et si l'on a un peu de temps, on se remettra quelques minutes au lit, pour favoriser le retour normal de la circulation.

Ensuite aura lieu le déjeuner, puis la toilette et l'habillage.

On ira de préférance à son travail, à pied en marchant allègrement. Si le bureau ou l'atelier se trouvait trop loin, on se livrerait néanmoins à quelques minutes de marche, avant de prendre un véhicule quelconque.

De même le soir, en rentrant au logis, il sera bon de faire une courte marche, au pas accéléré. Mais cette fois, on montera dans le véhicule en sortant du travail et la promenade se pratiquera ensuite, c'est-à-dire immédiatement avant de rentrer.

Les sorties du soir, pendant l'hiver ne sont pas à recommander à l'aspirant sportif; il gagnera un surcroît de vigueur, en s'en abstenant le plus souvent possible.

Huit heures de sommeil sont en effet nécessaires et en outre l'air de la nuit, n'est pas favorable aux poumons, même par temps sec.

La température de la chambre à coucher pendant le sommeil demeurera autour de 15°. Si l'on avait l'habitude de chauffer la pièce, on aurait la précaution d'ouvrir avant de se coucher. Cependant, lorsqu'on se déshabillera la fenêtre sera fermée.

Ici se place un détail qu'il ne faudra jamais négliger.

Comme nous recommandons encore le massage le soir, on se livrera à cet exercice, avant d'ouvrir. C'est pourquoi l'usage du p [illegible] de laine ou de flanelle pour la nuit est nécessaire.

On se déshabille donc, on se masse, on revêt le pyjama, o prend quelques minutes de repos. Puis on ouvre dix minutes environ et l'on ferme, pour enfin se coucher et dormir dans une pièce où l'air aura été renouvelé.

Les soins de la bouche sont évidemment les mêmes que pour le début de l'entraînement, c'est-à-dire comme nous les avons détaillés dans le tome I. La bonne digestion dépend de la bonne mastication. Or il n'existe pas de mastication suffisante sans dents solides. En outre, la bouche tient en réserve une quantité considérable de microbes pathogènes qui ne demandent pas mieux que de se glisser dans l'organisme, par les voies respiratoires ou les organes de la digestion. Par le lavage quotidien, on les éloigne, c'est-à-dire que l'on évite un grand nombre de maladies, dont la plus anodine est assurément le rhume.

Il est excellent, le soir, avant le massage de se rincer la bouche avec de l'eau tiède, mais aussi de se gargariser légèrement. Mais comme pour le corps, on n'usera jamais d'eau glacée qui est nuisible aux dents.

Ces conseils ne paraîtront puérils qu'aux ignorants et à ceux qui se refusent à réfléchir. Il est compréhensible que tout se tient dans la merveilleuse machine qu'est l'organisme humain.

C'est pourquoi nous nous sommes rebellés contre les méthodes empiriques, qui font cultiver certains sports avant d'avoir atteint le maximun d'équilibre musculaire et par conséquent de l'être entier.

Pour être un coureur, un sauteur, un lanceur, un boxeur, voire un joueur de rugby, il faut d'abord être un athlète et les représentants étrangers, dans tous les concours internationaux, savent nous le prouver.

Ce qui manque le plus souvent à nos spécialistes, c'est une culture générale suffisante. Et l'on a vu nos meilleurs coureurs, traîner lamentablemeut en arrière, auprès de certains des étrangers qui avançaient comme en se jouant.

Le résultat immédiat de ce procédé défectueux, c'est de faire d'un homme vigoureux, une loque sans force, après peu de temps.

Le sport ainsi compris, est une calamité publique, qui tue lentement la jeune génération, et prépare une génération future d'atrophiés, de difformes et de tuberculeux.

Par conséquent, pour être fort, soignez votre personne, mangez sagement, fuyez les excès, dormez huit heures par nuit. Ne dites pas : telle chose ne me fait rien aux muscles, parce que la vigueur des muscles dépend autant de la respiration régulière que de la digestion ou de l'apaisement du système nerveux.

Comme nous l'avons vu dans le tome I, le squelette est le premier soutien de la machine entière.

III

Pour en finir avec les détails avant d'étudier l'entraînement général, disons un mot du massage toujours nécessaire.

Celui que nous avons conseillé dans le tome I ne doit assurément pas être abandonné; mais en même temps, il est nécessaire de le compléter, notre corps ayant atteint un plus important développement.

Comme il serait trop long de se livrer chaque soir à ce double massage, on alternera les deux procédés, c'est-à-dire qu'un jour on fera les six mouvements indiqués au tome I et le lendemain, les six que nous allons décrire maintenant; le troisième jour on reprendra le premier et le quatrième le second, ainsi de suite, pendant toute la durée de l'entraînement d'hiver.

Ce système aura un autre complément lors de l'entraînement spécial des jambes; puis avec celui des bras.

Autrement dit, le massage entier se composera de quatre parties qui se pratiquent successivement au fur et à mesure du développement normal.

Le premier atteignait principalement les muscles du buste, le second s'étendra donc davantage, et touchera le ventre, les cuisses, l'épaule, les reins, sans s'occuper des jambes ou des bras. La progression rationnelle sera donc ainsi conservéees.

1er mouvement:

Placez vos mains à plat sur les reins, le corps bien droit sans rigidité, les jambes légèrement écartées.

Vos mains dans la position verticale, se touchent dans toute leur longueur, sur l'épine dorsale.

Pour obtenir ce premier résultat, une certaine souplesse est évidemment nécessaire.

Sans précipitation comme sans lenteur vous ramenez vos mains en avant.

Le bout des doigts longe donc l'os iliaque, suivant exactement son contour, ce qui entraîne

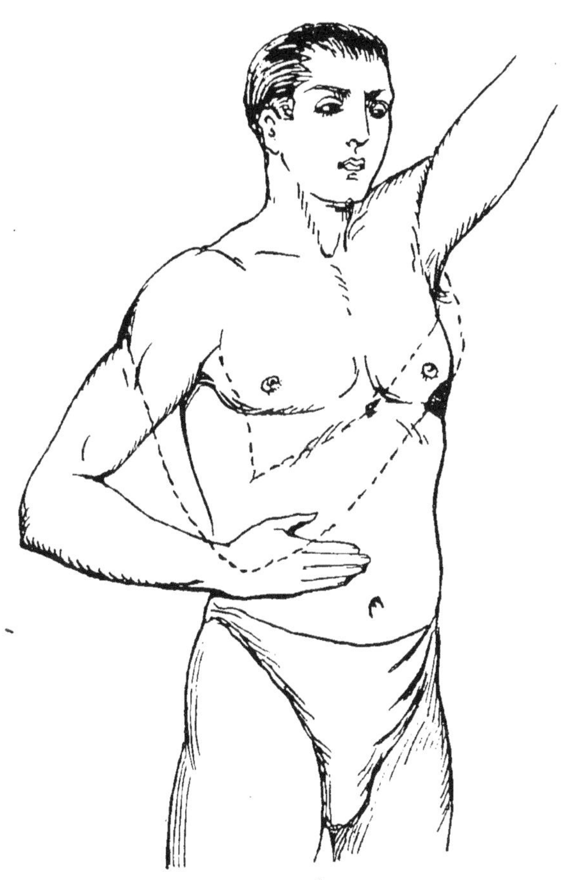

Figure 3.

naturellement une légère descente vers le pubis.

Les mains viennent alors se rejoindre sur le ventre, les pouces entrent en contact, l'extrémité des médius se trouve à peu près à la hauteur de la symphyse pubienne.

La friction ne doit pas être appuyée, mais ne sera non plus un simple frottement. En un mot, c'est un massage relativement rapide.

Arrivé sur le ventre, vous revenez en arrière pour ramener les mains à leur position première, c'est-à-dire aux reins. Pour ce retour, le frottement se manifestera beaucoup plus léger.

Vous répétez dix fois cet excercice, sans arrêt, conservant le corps droit, ne le laissant pas suivre l'impulsion de la friction qui l'incite à s'incliner en avant lorsque les mains se rapprochent du ventre. Cette position serait absolument défectueuse et rendrait ce premier mouvement parfaitement inutile.

Ceci terminé, quelques secondes de repos et attaquez le 2e mouvement.

2e mouvement:

Tenez toujours le corps bien droit, les jambes

rapprochées, sans toutefois arriver au contact des genoux, les talons presque joints, le bout du pied en dehors.

Appuyez franchement les mains sur les fesses, de façon qu'elles les couvrent entièrement dans le sens de la longueur.

Vous ramenez les mains en avant, sans brusquerie, en suivant le contour de la cuisse.

Ainsi les pouces viennent se toucher cette fois sur le pubis, les autres doigts le couvrent entièrement.

Ce mouvement, comme on le voit, est le complément du précédent, les mains se trouvent à peu près dans une position identique, seulement un peu plus bas.

Ce massage doit être repris dix fois, les deux bras marchant à la même cadence.

Pour lĕ retour, la friction est légère, plus rapide; à l'aller au contraire, on appuie, sans contrainte, sans brusquerie.

En général tout mouvement simultané des deux bras, se fait à dix reprises; lorsque le mouvement est alternatif, c'est-à-dire chaque bras après l'autre, on l'exécute six fois pour chacun des côtés.

Encore on se repose quelques secondes, quoique jamais le massage ne puisse entraîner d'essoufflement, ce qui serait contraire au but recherché. Puis on se rétablit dans la position première et l'on commence le troisième mouvement.

3e mouvement:

Vous êtes droit, les jambes légèrement écartées, afin de faciliter l'équilibre des organes.

Levez le bras gauche dans la verticale, le biceps contre l'oreille.

Posez la main droite sur l'estomac, au-dessus de l'ombilic.

Vous remontez alors lentement, en décrivant un léger arc de cercle qui va vous conduire jusqu'à l'aisselle.

Il faut largement contourner le sein et ne pas mettre trop d'énergie dans la friction qui doit cette fois être légère.

Arrivé à l'aisselle, on soulève la main pour faire cesser tout contact et on la ramène en sa position première.

Elle doit se poser bien à plat sur l'estomac les doigts rapprochés.

Ce massage se fait à six reprises successives, puis sans arrêt, on passe à l'autre côté du corps, c'est-à-dire que l'on relève le bras droit et ce sera la main gauche qui frictionnera, la face opposée du buste.

On notera que le mouvement est plus large ici, que dans celui indiqué au tome I et qui semble *à priori* identique.

En réalité, il n'en est rien, ces deux formes de massage, sont parfaitement différentes.

On prendra soin de conserver toujours la respiration bien régulière, c'est pourquoi on évitera la précipitation dans le geste, qui est toujours l'indication d'un déséquilibre nerveux.

Plus le mouvement sera pondéré, plus il sera efficace et donnera des résultats rapidement sensibles.

A ce moment, un court repos de quelques secondes et l'on recommence.

4e mouvement :

Levez le bras droit, dans l'horizontale et le

prolongement du corps, c'est-à-dire, non en avant.

Appuyez la main gauche sur le creux que l'on perçoit un peu au-dessus du coude.

La main droite se trouve la paume tournée vers le sol.

La main gauche doit s'arrondir, de façon à épouser la forme du bras à frictionner.

Remontez lentement, passez sur l'épaule, allez jusqu'à la limite du cou.

Revenez en arrière sans frotter et recommencez; cela à six reprises.

Lorsque l'on frictionne le bras droit, la tête est inclinée sur l'épaule gauche et ne doit se relever que le massage terminé.

Puis on passe au bras gauche et la tête se penche vers l'épaule droite.

Comme on le voit, il s'agit ici de la friction du deltoïde.

Le corps ne se tiendra pas rigide, les jambes demeureront légèrement écartées, sinon il se produirait une inclinaison du buste préjudiciable.

Le côté droit ayant subi son massage, on

s'occupe du gauche immédiatement, sans arrêt entre les deux.

On ne frictionne pas en descendant, seulement en montant du coude vers l'épaule.

La main continuant son chemin, glisse sur le cou, elle doit également en épouser la forme et par conséquent son milieu se trouve sur l'arête que l'on perçoit nettement, lorsque la tête est inclinée vers le côté opposé. Le mouvement s'arrête lorsque le pouce touche le maxillaire inférieur.

5e Mouvement :

Nous redescendons maintenant au buste que nous avons laissé reposer un moment.

Nous tenant droit, nous appliquons la main droite à plat, les doigts en avant, sur la hanche droite, l'auriculaire touchant l'os iliaque.

De même nous posons la main gauche sur le côté gauche.

Les deux coudes sont bien en arrière, afin que les mains s'appliquent parfaitement sur le côté.

Puis nous montons aussi haut qu'il est possible, lentement, sans nous essouffler.

Ce mouvement qui sera répété dix fois, entraîne un léger déplacement du corps dont il ne faudra s'inquiéter outre mesure, mais qui disparaîtra lorsque l'on aura acquis un certain assouplissement.

La friction s'opère de bas en haut, jamais en sens inverse, c'est-à-dire que la main redescendant vers la hanche, ne frottera pas.

Les jambes seront légèrement écartées et l'on tâchera que le pied demeure bien à plat. Il aurait en effet une tendance à hausser le talon, quand les mains remontent vers les aisselles.

Cet exercice est des plus salutaires, outre le massage, il procure aux muscles de l'épaule et du bras, une grande souplesse.

Si l'on se rapporte aux différents schémas du tome I, schémas ayant trait au système musculaire, on se rendra compte que ce 5e mouvement oblige au travail, la musculature du buste entier.

6e mouvement :

Ce mouvement qui se rapporte aux cuisses se dédouble en deux temps.

a) Vous êtes debout, les jambes modérément

écartées. Vous vous penchez sans brusquerie; vous posez les deux mains à plat, sur la face antérieure des genoux.

Vous vous redressez lentement, produisant ainsi une friction qui longe l'intérieur des

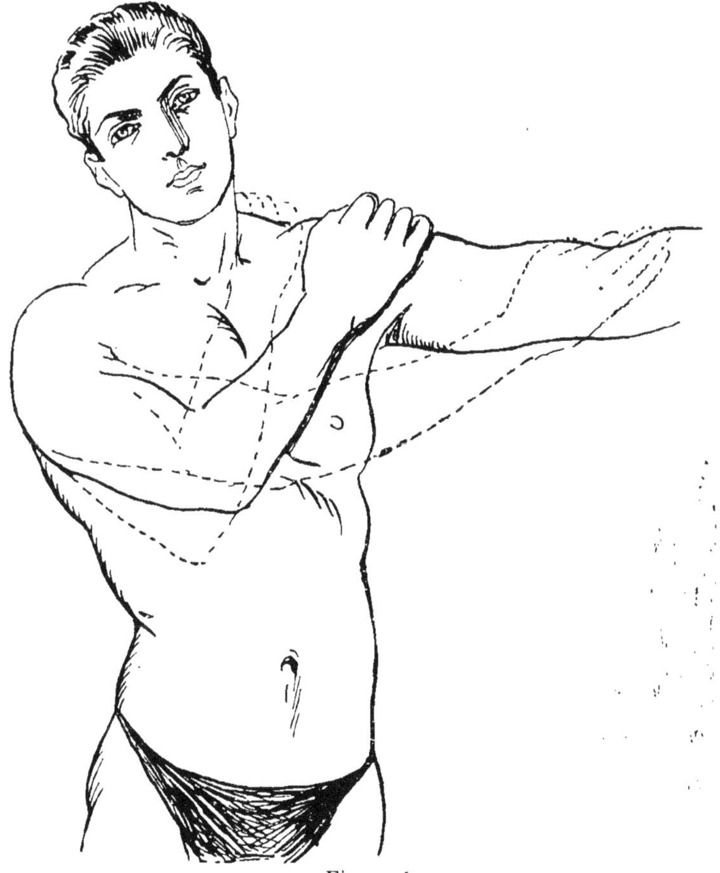

Figure 4.

cuisses, jusqu'à l'entre-cuisse inclusivement.

Les mains en effet doivent monter très haut, c'est-à-dire suivre continuellement le redressement du buste, jusqu'à ce que celui-ci ait repris sa position normale.

Le frottement qui a lieu de bas en haut et non de haut en bas, sera assez énergique, sans cependant réclamer des bras un grand effort musculaire.

Ce mouvement se fera à dix reprises consécutives; jamais on ne mettra de précipitation en se penchant pour revenir poser les mains aux genoux.

On ne peut comparer ce geste de l'athlète qu'à une mécanique bien réglée, et cette régularité est ici de première nécessité.

Voici donc le premier temps : massage de la partie antérieure de la cuisse.

b) Deuxième temps.

Vous vous penchez comme précédemment, vous placez les mains aux genoux, mais en dehors cette fois et vous redressez le buste.

Les mains remontent jusqu'à la hanche, le poignet s'arrêtant à l'os iliaque.

Dans l'un et l'autre cas, la main se trouve bien à plat, les doigts dirigés vers la terre. Pendant l'ascension, elle conserve cette position, sans chercher à écarter les extrémités afin de couvrir la plus grande partie de chair.

Il y a, ici, massage de la face extérieure de la cuisse.

Nous venons donc de passer en revue, les six mouvements de massage qui doivent accompagner ce second stade de l'entraînement.

Mais comme les six premiers sont toujours nécessaires, nous ne les négligerons pas et donnerons un jour à l'un, un jour à l'autre.

Répétons que le massage ne doit jamais avoir lieu avec la main sèche. Il est nécessaire d'interposer entre les deux épidermes, un corps gras quelconque. Dans le tome I, nous avons conseillé la vaseline pure.

Avant d'opérer, on l'étend en couche mince sur la paume, les doigts et sans oublier le talon de la main qui dans les six exercices précédents joue un grand rôle.

On suivra toujours le sens que nous indiquons, sans aller à rebours, ce qui serait nuisible.

Comme pour le début de l'entraînement, cette séance de massage, pour être réellement profitable, se fera encore le soir, avant de se mettre au lit.

Disons que pour être complète, elle ne réclame pas plus de dix minutes au maximum. Il n'existe donc aucune bonne excuse pour s'en dispenser.

Si les exercices causaient une légère sudation, il faudrait s'essuyer aussitôt apres, au moyen d'une serviette bien sèche. Dans cet essuyage, on prendra la précaution de ne pas oublier les aisselles et toutes les parties où la sueur s'amasse d'ordinaire.

En tous les cas, il est excellent de se passer la serviette par tout le corps, quand ce ne serait que pour enlever la vaseline qui aurait pu s-ter collée à l'épiderme.

Il est inutile de préciser que ce massage se pratique entièrement nu. Il est important de se déshabiller dès le début, afin de ne pas interrompre la séance en cours.

Naturellement la chambre aura une température suffisante et nulle sensation de froid ne devra saisir lorsqu'on sera nu.

L'essuyage terminé, on se vêtira du pyjama en laissant le tricot s'aérer une nuit entière, par conséquent reprendre sa souplesse. On ne le remettra que le lendemain matin au moment de la toilette, c'est-à-dire après la courte station au lit, qui suivra le bain.

Après cette séance de massage, on se sentira le corps parfaitement détendu, apte à jouir d'un bon sommeil. C'est pourquoi on ne s'attardera pas debout, mais au contraire, on ne se permettra que quelques minutes de repos, et l'on se couchera.

L'emploi du temps sera donc le suivant :

Lever, (voir tome I).

Aération de la chambre, durant quelques minutes.

Exercices musculaires de gymnastique.

Bain.

Repos au lit pendant une dizaine de minutes.

Puis le soir, toujours la digestion étant terminée :

Les 6 mouvements de massage.

L'essuyage.

L'aération de la chambre et coucher.

Nous prétendons que sans le tub naturellement, ces divers exercices ne demandent pas un quart d'heure chaque jour.

Nous venons d'étudier l'élément complémentaire de l'entraînement; examinons maintenant la gymnastique en elle-même, qui en est le facteur principal.

IV

Dans la plupart des traités de culture physique, on décrit les exercices suivant une gradation raisonnée de l'effort.

Mais ces exercices étant indiqués à la suite, l'étudiant est persuadé qu'il lui faut les exécuter tous chaque matin et il est bien vite lassé d'une gymnastique après tout fastidieuse.

Ici au contraire nous diviserons le travail en leçons consécutives, comprenant chacune trois mouvements.

Chaque leçon sera suivie pendant quinze jours, trois semaines, tant que l'on n'exécutera pas les mouvements avec une extrême facilité.

Ce n'est que lorsqu'on sera parvenu à cette facilité que l'on aura acquis la souplesse, la vigueur nécessaires, pour passer à une autre leçon.

Nous croyons que trois mouvements sont amplement suffisants, s'ils sont complétés le soir par la séance de massage.

Ce système a l'avantage d'être bref, de ne pas réclamer de l'élève un effort prolongé, qui finit toujours par le décourager.

Evidemment chaque leçon aura ses trois mouvements particuliers, et la progression de l'effort se fera ainsi naturellement.

En général, durant ces exercices, il faudra éviter la tension mentale, la gymnastique devra être purement machinale et si l'on se livre à un « comptage » quelconque — ce qui est toujours le cas — on ne s'y astreindra pas.

Il importe peu en effet que vous exécutiez le même mouvement 9, 10, ou 11 fois, pourvu qu'il soit continuellement harmonieux, sans précipitation, comme sans lenteur.

Il résulte en effet de cette tension cérébrale, une fatigue réelle qui est purement inutile pour le but à atteindre.

Le costume, ou plutôt son absence, a une importance capitale dans toute séance de gymnastique en chambre. Aussi léger soit-il, il est toujours la cause d'une gêne ou simplement d'une attention qui détourne l'esprit de ce que l'on a à faire.

Il est préférable de se mettre en état de nudité complète. De préférence devant une haute glace, ce qui est un soutien mental, favorisant le travail.

Ainsi les yeux sont occupés à suivre les gestes et il s'ensuit un relâchement de l'esprit très profitable.

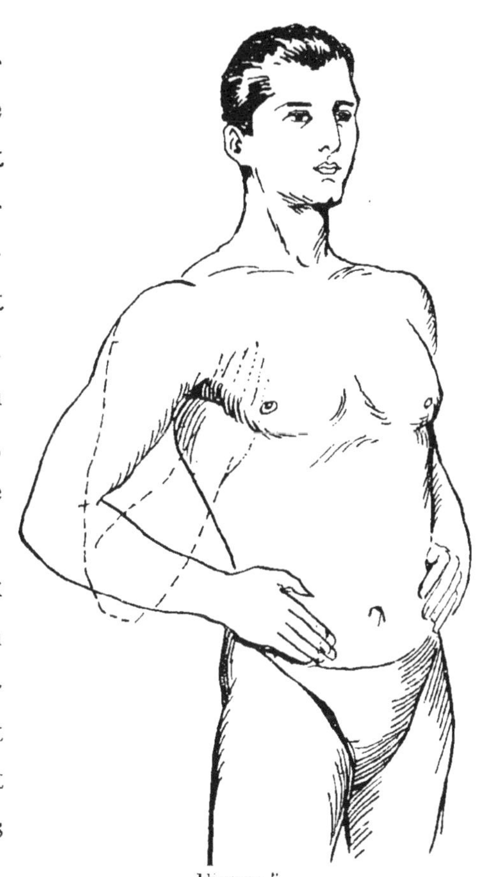
Figure 5.

On suivra avec soin, tout le temps que durera l'entraînement, l'état général de l'organisme. On obtiendra de cette façon une indication claire sur la valeur du procédé employé ou sur la manière dont il est exécuté.

Un entraînement mal conduit se manifeste toujours par une perte plus ou moins grande de l'appétit; des insomnies ou de l'irrégularité dans le sommeil. Les urines deviennent foncées ou troubles, leur quantité journalière diminue.

Ces symptômes avertiront l'étudiant, il saura immédiatement qu'il est dans une mauvaise voie et le plus sûr moyen de conserver la santé, sera, sans contredit, de visiter son médecin.

Toutefois s'il n'existe en même temps aucun malaise spécial, on pourra attribuer ces troubles à un léger surmenage. Ce sera l'indice que l'organisme n'est pas encore prêt à supporter l'effort qu'on réclame de lui.

Dans ce cas, on se reposera quelques jours, en continuant le massage; puis l'on reprendra les mouvements en diminuant leur nombre. Par exemple, si l'on avait commencé en exécutant dix fois le même geste, on ne le répétera plus qu'à trois reprises, ne se permettant une augmentation que lorsque l'état général redeviendra normal.

Par contre, l'entraînement aura donné des résultats favorables si, après *un mois*, on note des changements dans l'aspect physiologique total.

On doit en effet constater tout d'abord, un accroissement léger du poids, sans avoir pour cela acquis d'embonpoint. En un mot, la graisse a diminné, la musculature s'est renforcée.

Ce fait sera constaté par l'augmentation du tour de poitrine, si l'on a eu la précaution de se mesurer avant le début de l'entraînement.

Un autre détail est important comme critère : le nombre des pulsations radiales.

Pour s'en rendre compte, il suffit de prendre une montre, de s'assurer du nombre de pulsations avant et après l'exercice.

Si l'entraînement a été bien conduit, si l'amélioration de la santé est sensible, ce nombre doit demeurer à peu près le même avant et après l'effort.

Ainsi, admettons que le pouls avant que l'on

commence l'exercice de gymnastique, marque 70 pulsations à la minute.

Une fois l'exercice terminé, il battra encore à un rythme voisin de 70, par exemple 72, 75.

Plus il se rapprochera du nombre primitif, plus certains seront les résultats.

On ne se livrera à cette expérience qu'à la fin du premier mois d'entraînement; on la répétera ensuite de mois en mois, afin de s'assurer que nul déséquilibre ne se produit.

Toute accélération du pouls est un indice de fatigue; or le but de l'entraînement est justement d'éloigner cette fatigue dans le temps.

Le véritable athlète soutient un effort prolongé sans essoufflement, sans tension artérielle excessive.

Dès que le cœur cesse de battre avec régularité, son trouble se manifeste à l'extérieur par des grimaces, des contorsions. C'est ce que nous disions au tome I.

L'entraînement amène en outre toujours, un ralentissement dans le système respiratoire. C'est-à-dire que les respirations, comme les expirations seront plus complètes et moins souvent répétées.

D'ordinaire l'inspiration est plus longue que l'expiration. Mais par une bonne gymnastique respiratoire, on doit parvenir à les équilibrer. Dès lors, le temps de l'expiration ne s'éloignera beaucoup de celui de l'inspiration.

Nous disons gymnastique respiratoire, ce qui ne signifie point qu'il faille se livrer à tous les exercices recommandés dans beaucoup d'ouvrages de culture physique.

C'est l'entraînement lui-même qui accomplira cette tâche, sans que le sujet ait à s'en inquiéter.

On comprend dès lors que l'indice de la valeur d'un entraînement quelconque, est la plus ou moins rapide disparition de l'essoufflement.

Le coureur par exemple, ayant suivi une méthode rationnelle de développement musculaire, parviendra à couvrir des parcours souvent fort longs, sans visible essoufflement. Celui-là sera non seulement un coureur, mais un athlète.

Une autre indication est assurément la limpidité de l'urine. Elles se sont peu à peu clarifiées et deviennent d'un jaune pâle caractéristique.

De même les sueurs sont à peu près inodores, elles ont perdu l'acuité particulière de leur parfum.

A ces différents détails, on pourra se rendre compte, si l'entraînement suivi est profitable. Comme nous le disions plus haut, ces diverses améliorations seront sensibles dès la fin du premier mois.

Le mieux ne se continuant pas, on devra examiner sa conduite et chercher si un excès quelconque n'est pas la cause de ce fléchissement. Sinon, il faudra l'attribuer à l'entraînement lui-même qui aura été trop pénible à l'organisme.

Il est évidemment impossible de fixer une règle commune pour deux individus. Chacun diffère de son voisin par une caractéristique physiologique souvent inappréciable extérieurement.

Toutefois, on pourra établir que les tailles

moyennes, variant autour de 1 mètre 75, seront plus aptes aux sports.

Au-dessus de ce chiffre, on ne cherchera plus les records, seulement l'entretien de l'organisme par une gymnastique appropriée.

Les individus de petite taille se montreront également prudents et veilleront à éviter le surmenage.

Les exercices de gymnastique suédoise dureront de quatre à cinq mois, puis le beau temps revenant on retournera au plein air.

On se méfiera d'une gradation trop rapide, dans l'exécution des différents mouvements. En général, on ne passera à la leçon suivante, que lorsqu'il sera possible de se livrer à la précédente sans fatigue et sans essoufflement.

Le bain après la séance de gymnastique est toujours nécessaire, à cause de la nocivité des sueurs occasionnées par l'effort musculaire violent.

Si le tub était vraiment impossible, on ne se revêtirait pas sans un essuyage vigoureux et attentif.

La sudation néanmoins durant la séance, est

chose excellente, c'est elle qui nettoie nos tissus, bien mieux que le lavage externe. Le tub comme le bain, ne vient ensuite que pour enlever les déchets de l'épiderme où ils se sont accrochés.

Il ne faudra non plus négliger la régularité des selles, toutefois en n'usant des laxatifs qu'à la dernière extrémité.

V

Nous avons donné suffisamment d'indications générales; passons maintenant aux premiers mouvements qui composent la leçon de début. Disons tout de suite que ces trois mouvements seront répétés pendant huit jours consécutifs, sans être changés. Il est nécessaire en effet de nous habituer à ce genre de travail, en assouplissant le corps, sans compliquer les difficultés. Ensuite, assurément, on pourra aller plus vite et chaque leçon durera de trois à quatre jours suivant la vigueur personnelle de l'individu.

La fatigue, la rapidité des pulsations doivent

toujours être le critère qui nous avertira s'il est permis d'avancer dans l'entraînement ou s'il faut au contraire persévérer dans la même leçon.

Tout exercice qui entraîne l'essoufflement a été exécuté trop vite, avec une précipitation plutôt nerveuse.

Pour éviter cet inconvénient, les mouvements seront cadencés, réguliers.

Il se présente souvent une difficulté d'équilibre surtout pour le mouvement numéro 2 de la première leçon. On n'y prêtera pas une extrême importance, pourtant on tâchera de trouver la position qui facilitera le travail. On ne peut donner ici de règle générale à ce propos; tout ce que l'on peut dire, c'est que : s'appuyer sur un meuble, nuit au bon rendement de l'exercice.

Nous savons que la chambre dans laquelle vous allez vous livrer à votre séance de gymnastique a été aérée.

Comme la température pourrait y être un peu basse pour vous dévêtir immédiatement; demeurez habillé quelques minutes. Pendant ce temps placez-vous droit devant votre glace, les bras le long du corps.

Relevez-les sans hâte dans l'horizontale et le prolongement du buste, puis dans la verticale. Redescendez et recommencez. Ceci répété à plusieurs reprises, cinq à six fois, sera suffisant pour rétablir un équilibre relatif de chaleur qui vous permettra de vous déshabiller.

Alors commencez réellement votre séance. Le mouvement que nous venons d'indiquer sera encore le premier. Vous le répéterez environ une dizaine de fois, sans précipitation.

Prenez ensuite quelques secondes de repos, mais afin de ne pas attraper froid, faites quelques pas à travers la chambre, les bras pendants, la tête droite.

Revenez devant votre glace; levez les bras lentement jusqu'à ce qu'ils soient dans la verticale, le biceps contre l'oreille.

Les jambes sont légèrement écartées, les pointes des pieds en dehors.

Descendez sans hâte sur les jarrets, aussi bas qu'il vous sera possible, en ne changeant pas la position des bras.

Cette verticalité des bras a, en effet, une extrême importance pour le développement des muscles du ventre.

Avec un peu d'entraînement, vous devez parvenir à amener les cuisses et les jambes en contact, le mouvement de descente étant complètement achevé.

Alors, toujours sans bouger les bras, vous remontez, la tête bien droite, les mains ouvertes, les paumes tournées vers la glace.

Il y a là un certain effort, qui entraîne au début une réelle fatigue, mais peu à peu ce relèvement devient aussi aisé que la descente.

Debout, vous ne vous arrêtez pas, vous recommencez la flexion immédiatement, pour vous redresser aussitôt.

Notez en passant ce point de détail qu'il ne faut jamais négliger dans tout exercice de gymanastique suédoise : entre les différents temps d'un même mouvement, il ne doit jamais y avoir de point mort, le mouvement est continu, sans arrêt, même de quelques secondes.

Ainsi, pour le cas présent, dès que vous avez

commencé, vous exécutez vos dix flexions et les dix redressements, sans la moindre interruption.

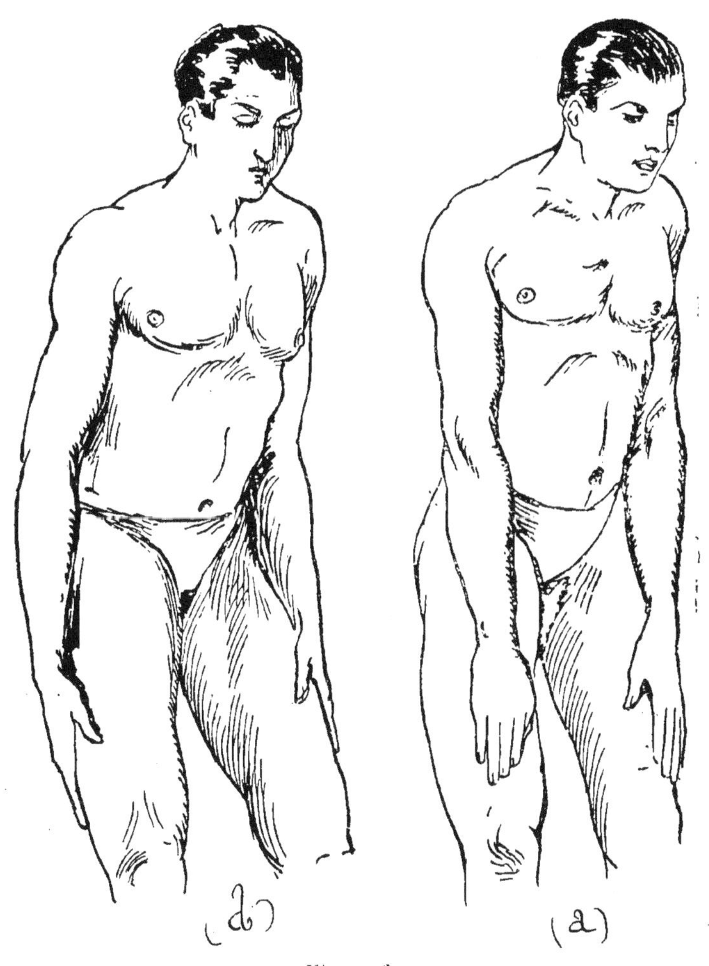

Figure 6.

Quand nous disons : dix fois, il ne s'agit pas d'un nombre immuable, mais le mouvement sera toujours complet, c'est-à-dire qu'ayant commencé par la flexion, vous terminerez par le redressement, vous retrouvant debout, comme au début. Et non point rester sur la dernière flexion, pour rabattre les bras et vous relever nonchalamment.

Prenez encore quelques secondes de repos, par la marche, afin de rétablir la régularité de la circulation, que cet exercice un peu violent aurait pu détruire.

Puis reprenez votre première position devant la glace, vous tenant un peu plus éloigné, à moins que vous préfériez vous placer de profil.

Relevez encore les bras dans la verticale, sans trop les approcher de la tête, tenez-vous droit, la tête légèrement rejetée en arrière.

Alors inclinez-vous lentement, sans plier les genoux, le buste seul doit tourner sur la taille comme pivot.

Vos bras, naturellement, descendent en avant, se dirigent vers le sol.

Ne faites jamais d'effort pour parvenir à

toucher la terre de l'extrémité des doigts; ce résultat se produira de lui-même, lorsque vous aurez acquis un certain degré d'assouplissement, parfois dès la première séance.

Toutefois, il est assez rare d'y arriver avec dix flexions, il sera donc excellent de prolonger l'exercice et de le répéter jusqu'à environ une quinzaine de reprises.

Plus votre assouplissement se perfectionnera, plus le point où vous toucherez la terre, sera rapproché des pieds.

Il est inutile d'insister sur la valeur de ce mouvement qui est devenu pour ainsi dire classique. Toutefois, disons qu'il est le plus souvent mal exécuté. On se force, se contracte pour arriver à toucher la terre; c'est là une erreur grossière. Toucher le sol ne doit pas être un but, mais uniquement le résultat normal.

Par conséquent, livrez-vous à cette flexion, naturellement, sans effort, ne vous inquiétant pas du plus ou moins grand succès apparent.

Les trois mouvements que nous venons d'indiquer comme composant la première leçon sont en réalité la base de toute sique. Ils pourraient suffire à tout adulte ne désirant pas devenir un athlète, mais seulement soigneux d'entretenir sa santé.

Si l'on y ajoute les éléments de la deuxième leçon, on a un entraînement complet, c'est-à-dire, au total six mouvements parfaitement suffisants pour conserver à l'organisme entier son équilibre nécessaire.

Nous insistons sur ce point, parce que la plupart des traités de culture physique, donnent une multitude d'exercices, dont l'explication seule rebute le néophyte.

Au contraire nous lui disons : si vous ne souhaitez un entraînement avancé, destiné à faire de vous un sportif, si vous voulez conserver uniquement votre corps jeune, souple, livrez-vous aux six exercices qui composent nos deux premières leçons et contentez-vous de ce minimum. Bien mieux, comme il serait trop long d'exécuter les six chaque matin, faites-en trois un jour, les trois suivants le lendemain.

Ce faible travail réclame sept à huit minutes et ne devient jamais une suggestion.

De même l'usage du tub ne vous étant pas habituel, prenez soin seulement de vous essuyer le corps entier avecune serviette avant de vous habiller. De cette façon, vous éliminez

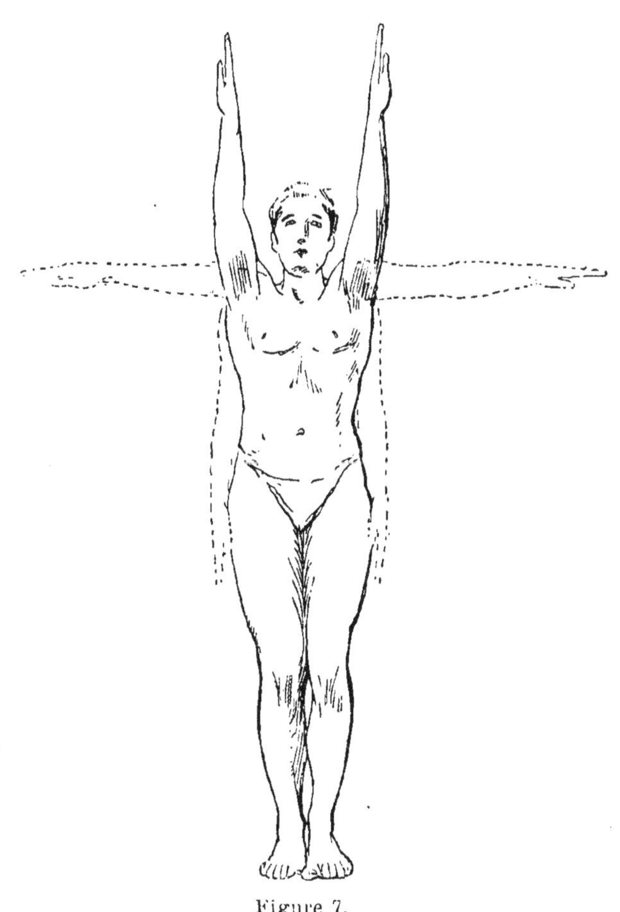

Figure 7.

tous les produits toxiques de la peau, mis à l'extérieur par la sudation plus ou moins abondante entraînée par la gymnatique.

Nous passerons maintenant à la deuxième leçon, nous réservant d'établir à la fin de l'enseignement un résumé des divers mouvements, dans l'ordre de leur progression.

VI

En admettant que la première leçon ait duré une semaine, soit sept jours, le huitième au matin, vous vous préparez à commencer la deuxième.

Toutefois, avant de vous dévêtir, exécutez les mouvements des bras indiqués plus haut, afin de vous mettre en état. Ces mouvements répétés activement, mais sans précipitation, cinq à six fois, suffiront.

Vous vous déshabillez et vous placez devant votre armoire à glace, assez éloigné cependant.

Posez le pied gauche perpendiculaire au meuble, le pied droit légèrement écarté du premier et parallèle au meuble.

Levez les bras dans l'horizontale et le prolongement du corps.

Dans cette position, faites virer doucement le buste sur la taille, en allant de gauche à droite.

Vous amenez ainsi le buste qui au début se trouvait face à la glace, vous l'amenez entièrement perpendiculaire au meuble, les pieds n'ayant pas changé de place.

Ce virement du buste doit être complet, c'est-à-dire qu'il vient absolument dans la même direction que le pied droit.

Sans baisser les bras, vous retournez à la position première, face à la glace et vous recommencez. Répétez à une dizaine de reprises successives, sans vous attacher cependant à ce nombre dix.

Les pieds durant cet exercice ne seront pas déplacés; vous devez donc, pour exécuter ce virement du côté opposé, ramener le pied droit en arrière, perpendiculaire à l'armoire et le gauche, un peu en avant, parallèlement.

Les bras tendus, vous virez cette fois de droite à gauche, à une dizaine de reprises également.

Rien dans tout cela ne doit être précipité, prenez votre temps, ne cherchez pas l'effort pour obtenir entièrement la torsion du buste. Cette torsion se fera complète d'elle-même, au fur et à mesure que vous avancerez dans l'entraînement, c'est-à-dire que vous acquérerez une plus grande souplesse.

De même la rapidité est absolument inutile, elle ne présente au point de vue du développement musculaire, aucun avantage spécial. Le mouvement seul a de l'intérêt; mais il ne s'ensuit pas qu'il puisse être accompli languissamment.

Evitez également la contraction, qui est toujours un produit de l'éréthisme. Dans ce but, ne fermez pas les poings, laissez au contraire les mains naturellement ouvertes.

D'ailleurs, dans tout le cours du présent entraînement, nous ne conseillons jamais de serrer les poings, n'ayant pas en vue les muscles de la main. Nous croyons même cette habitude nuisible, parce qu'elle entraîne une crispation nerveuse concomitante.

Le premier exercice de la deuxième leçon,

consiste donc dans la torsion du tronc sur la taille comme pivot, les jambes demeurant immobiles.

Le second exercice aura en réalité le même but au point de vue musculaire.

Vous êtes face à votre glace, assez éloigné, les jambes droites, les talons joints, les pointes en dehors.

Levez les bras dans la verticale, assez proches de la tête.

Inclinez-vous en arrière, sans brusquerie, puis revenez en avant, vous penchant légèrement. Retournez en arrière, puis ramenez votre buste en avant.

En résumé : imprimez au torse un balancement régulier d'arrière en avant et inversement. Evitez ici l'effort, ne cherchez point à creuser beaucoup les reins, par conséquent à pencher à l'extrême le buste en arrière. Ainsi vous tirez les muscles et ne les assouplissez pas.

L'exercice est un simple balancement, qui s'accentue chaque jour naturellement, à mesure que l'on avance dans l'entraînement.

Il doit en résulter une sudation abondante,

mais jamais de fatigue ou, ce qui est plus grave, de tiraillements au bas-ventre.

On remarquera cependant que l'assouplissement ainsi obtenu est considérable en même temps que très rapide.

Les talons doivent naturellement rester joints sous aucun prétexte on ne peut exécuter ce mouvement les jambes écartées.

Les mains seront ouvertes, sans rigidité, permettant aux doigts de se placer comme ils l'entendent.

Exécutez une dizaine de balancements, puis prenez quelques secondes de repos, en faisant un tour dans la chambre.

Lorsque vous marchez ainsi pour vous reposer, évitez toujours la rigidité, les gestes brusques, autorisez-vous plutôt une légère nonchalance.

Ayant soufflé, revenez devant votre glace pour vous livrer au troisième mouvement.

Allongez-vous sur le sol, le dos contre le parquet, engagez le bout des pieds sous le meuble. Laissez les bras allongés le long du corps, la *paume en l'air.*

Restez une seconde immobile, comme alangui, puis tendez les muscles des jambes et essayez de relever le buste sans vous aider des mains ou des coudes.

Au début, vous vous soulevez de quelques centimètres du sol, parvenant tout juste à décoller le dos. Ceci n'a aucune importance.

Poursuivez l'expérience à une dizaine de reprises, quelque soit le résultat obtenu à la première séance.

Chaque jour, vous réussirez un peu mieux et avant la fin de la semaine, vous vous soulèverez complètement.

Il est inutile que le torse se tienne droit, pourvu que vous parveniez à l'amener dans la verticale, essayant de l'incliner de plus en plus vers les genoux.

Les bras ne jouent aucun rôle, ils s'abandonnent aux mouvements du buste, ne se crispent jamais, ne se collent pas aux côtés, ce qui cause toujours un état d'éréthisme passager.

Ce dernier excercice entraîne souvent dans les débuts une légère fatigue. Il sera bon, par conséquent, de se détendre aussitôt après, par quelques pas à travers la chambre.

Si, après une semaine, on n'est parvenu à se dresser aisément sur son séant, on ne s'en inquiétera outre mesure et l'on passera quand même à la troisième leçon, qui n'est, en vérité, qu'un complément à celle-ci.

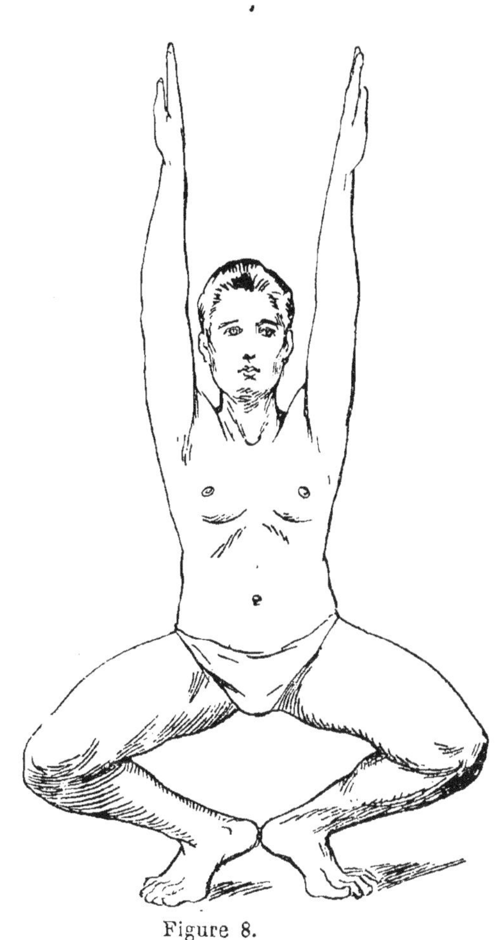

Figure 8.

Toujours, cependant, la séance sera commencée par le mouvement des bras, qui prépare l'organisme en procurant au système entier une élasticité nécessaire.

Il est évident que nulle gymnastique n'ayant eu lieu depuis la veille, certains muscles se trouvent engourdis, certains organes ont repris des positions défectueuses.

On pare à ces inconvénients par cinq ou six élévations des bras, les mains ouvertes.

On peut, en général, compter que les deux premières semaines ont été occupées par ces deux leçons.

La troisième et la quatrième ensemble ne réclameront plus qu'une huitaine de jours, étant les complémentaires des précédentes.

Il est cependant préférable de varier les exercices afin d'éviter la monotonie et aussi d'obliger tous les muscles indistinctement à travailler.

Nous ne prétendons pas que notre méthode soit supérieure aux autres, en réalité, toutes sont bonnes, sagement exécutées. Notre but est plutôt de sérier les exercices et d'éviter pour l'étudiant le désordre apparent que l'on croit remarquer dans les traités ordinaires.

Nous croyons donc avoir gradué les exercices de façon à obtenir le maximum de résultats dans un minimum de temps et nous conseillons à l'aspirant sportif de ne pas s'écarter de la règle que nous donnons.

En un mot, il faut passer d'une leçon à l'autre, sans sauter aucune d'elles, comme trop simple ou comme superflue.

Ceci était nécessaire à dire, avant d'entamer la troisième leçon qui pourrait paraître purement anodine à beaucoup d'étudiants. En réalité, elle est la revision de la précédente avec quelques compléments, qui restent inaperçus.

VII

Une fois devêtu vous placez une descente de lit devant votre glace. Sur ce tapis, vous vous allongez entièrement, la tête au niveau du reste du corps, les bras étendus, les mains ouvertes la paume en l'air.

Les jambes sont jointes, les pieds se touchent. Sans plier le genou vous relevez une jambe, la droite par exemple.

Vous la rabattez dans la position première, puis soulevez l'autre, la gauche.

Répétez cela pour chacune trois fois de suite. Ensuite opérez de même pour les deux jambes ensemble.

Ce dernier mouvement doit être exécuté lentement, on ramène les jambes en avant aussi loin qu'il est possible, sans effort toutefois.

Il y a là un balancement des membres inférieurs qui ne peut être obtenu que dans cette position. On gagne ainsi une grande souplesse en même temps qu'une considérable fermeté des reins

Tous les muscles inférieurs, en outre, travaillent au maximum sans effort apparent.

Pour les deux jambes ensemble, répétez environ à une dizaine de reprises.

Puis allongez-vous entièrement, ramenez les talons sous les fesses et relevez-vous, en ramenant d'abord la poitrine contre les genoux. Il suffit alors d'une simple pression de l'extrémité des doigts sur le tapis pour vous trouver debout.

Faites quelques pas à travers la chambre, avant de passerau deuxième mouvement.

Revenez à votre tapis, allongez-vous comme précédemment.

Etendez les bras dans le prolongement du

corps, et doucement redressez le buste, en conservant les bras tendus.

Ils décrivent ainsi une courbe qui suivra celle du torse et viendront en avant toucher la pointe des pieds.

Cet exercice est assez difficile, on ne le réussit donc qu'après quelques essais patients.

Chaque effort pour se relever compte pour une fois, même si l'on n'est parvenu à remonter le buste.

On recommence à une dizaine de reprises et lorsqu'après deux ou trois jours, l'on est arrivé à amener le contact entre les doigts et les orteils, on peut-être assuré avoir acquis un bon degré de souplesse.

Si on réussit dès le premier matin, on continuera néanmoins la leçon pendant quatre jours consécutivement; parce que le succès peut provenir uniquement de la souplesse inhérente au jeune âge, sans que les muscles pour cela, soient parfaitement aguerris.

Comme on le voit, les deux mouvements de cette troisième leçon, ne sont que la répétition inverse, de ce que nous avons fait dans la première et la seconde.

Pour le troisième, il en sera de même. Mais cette répétition est nécessaire, parce qu'elle oblige le muscle à travailler de différentes façons et partant lui procure une élasticité complète et non point une sorte de facilité mécanique.

Avant d'entamer le troisième mouvement, vous vous livrez encore à une courte marche dans la chambre. Quand nous disons marche, cela n'implique pas un effort, mais au contraire un relâchement.

L'organisme tendu un moment par l'exercice, se repose, reprend son équilibre.

Le repos immuable en revanche est nuisible, troublant la circulation généralement activée par la gymnastique précédente.

Cette marche terminée, vous retournerez à votre tapis, sur lequel vous vous asseyez cette fois, les jambes largements écartées

Posez la main gauche sous la nuque, rejetez légèrement le buste en arrière, la main ainsi placée servant pour ainsi dire de soutien.

Allongez le bras droit, dans le prolongement de l'épaule, c'est-à-dire ni en avant ni en arrière.

Pour nous faire bien comprendre, disons que la poitrine est face à la glace ; chacun des pieds se trouve devant un pied du meuble. Le bras allongé est donc parallèle à la glace.

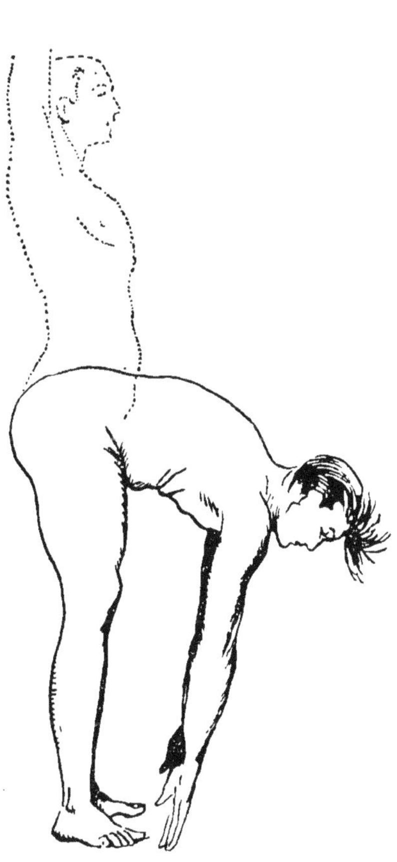

Figure 9.

Imprimez alors une rotation lente au torse entier, jusqu'à ce que votre main droite vienne toucher le pied gauche.

La main soutenant la nuque ne doit pas se déplacer, afin d'empêcher la tête de s'incliner outre-mesure en avant.

C'est au contraire le torse entier qui se penchera afin d'amener le contact entre les orteils et les doigts.

On se rend compte, que sous une autre forme c'est ici une rotation du buste, comme nous l'avons pratiquée à la deuxième leçon. Mais la difficulté est un peu plus grande et réclame une souplesse supérieure.

Vous répétez six fois environ l'expérience et passez à l'autre bras.

C'est-à-dire : la main droite vient soutenir la nuque, le bras gauche s'allonge et la rotation se produit en sens inverse.

Répétez encore six fois, puis étendez les deux bras, chacun dans le prolongement de l'épaule.

Sans plus vous occuper des jambes, faites virer le torse, par une sorte de balancement. Autrement dit, il faut avoir l'impression que seule la vitesse acquise, imprime au buste sa rotation de droite à gauche et de gauche à droite.

Ce mouvement est identique à celui de la 2e leçon, avec l'unique différence qu'il s'exécute assis.

Après six reprises, la troisième leçon est terminée.

Ces exercices répétés quatre jours consécutifs, nous ont élevé d'un degré dans l'échelle de la vigueur. Nous avons fortifié le système musculaire du ventre, des reins et des cuisses. Nous nous sommes préparés sans le savoir, à la course à pied, aussi bien qu'au foot-ball et au saut.

En sport, tout se tient et s'enchaîne, c'est pourquoi nous avons répété si souvent dans le tome I, qu'on ne devient un athlète, qu'en suivant un entraînement gradué d'une façon rationnelle, en même temps que fort long.

Un sujet entraîné se prépare ensuite en six semaines à n'importe quel sport spécial. Si sa conformation s'y prête, il se présentera après un mois de préparation, d'une manière très honorable dans une course, au rugby, il se montrera un joueur alerte et résistant, même ignorant encore des finesses du jeu.

Par contre, un sujet maladroitement entraîné, est claqué après quelques épreuves.

Tous les recordmen qui se maintiennent, sont

des athlètes; ceux qui ne le sont pas, obtiennent peut-être un succès, mais sont bons ensuite pour le corbillard.

Or avant tout, soignons les muscles du ventre, ce sont eux qui soutiennent toute la machine, et leur faiblesse entraîne toujours un fléchissement dans les potentialités de l'athlète. C'est pourquoi nous nous ingénions à les obliger au travail, dès le début de l'entraînement.

Le reste du système musculaire s'affermira ensuite plus aisément.

Néanmoins, ce reste, il ne faut pas l'oublier, si l'on souhaite que l'entraînement soit complet, pour nous préparer aux sports.

VIII

Occupons-nous donc maintenant un peu de la poitrine et des omoplates.

Les exercices précédents ont certainement influé sur les muscles pectoraux, toutefois les résultats seraient insuffisants si on s'arrêtait là.

Pour les amener à leur vigueur maximum, il est nécessaire de les atteindre directement, par des mouvements appropriés.

Ce sera le but de la quatrième leçon.

Pour le premier mouvement, placez un tapis devant votre armoire. Sur ce tapis, allongez-vous à plat ventre parallèlement au meuble.

Laissez toucher le sol, aux genoux et au

ventre, creusez les reins, afin de pouvoir soulever le haut du buste, comme vous l'indique la figure 17.

Puis raidissez les bras lentement, le coude qui était plié, s'étend peu à peu.

Le reste du corps, évidemment, suit alors le mouvement, les pieds seuls demeurent à terre, la taille s'incurve cependant.

Arrivé au terme de cette course, vous redescendez doucement, laissant glisser votre buste sur les bras qui recommencent à se plier, jusqu'à ce que les coudes reprennent leur place primitive au-dessus des omoplates.

Répétez l'exercice une dizaine de fois, sans hâte, permettant aux pectoraux, de largement s'étendre.

Le mouvement est excellent, autant pour les biceps que pour la poitrine ou les reins. On en constate rapidement le bénéfice.

La taille également est soumise à un travail salutaire qui termine ce que les deuxième et troisième leçons lui ont procuré.

Après cet exercice, malgré la fatigue, un temps de repos est à peu près inutile, ce que nous allons entreprendre ensuite étant totalement différent.

Cette fois, vous vous mettez debout, tout d'abord le pied gauche en avant, le droit légèrement en arrière.

Levez les deux bras dans l'horizontale, puis faites virer le buste, de manière que votre bras gauche vienne en avant, tandis que le droit va se placer dans son prolongement en arrière.

Dès cet instant le véritable mouvement commence. Pliant le coude gauche, vous ramenez la main sous l'aisselle.

D'autre part, pliant le coude droit, vous conduisez également la main sous l'aisselle pour la projeter ensuite en avant, tandis que la gauche va prendre sa place en arrière.

En résumé, vous exécutez le mouvement de la nage, les jambes demeurant immobiles.

Alternativement, vous projetez la main gauche puis la droite et ainsi de suite, à dix reprises différentes.

Changez alors de pied, par conséquent, c'est le droit qui se place sur le devant, le gauche par derrière.

Ceci intervertit la position du corps et met au premier plan les muscles, qui se trouvaient au second précédemment.

Il faut éviter ici avant tout la précipitation, et rechercher une cadence harmonieuse. Néanmoins il serait imprudent de vouloir trop bien faire, ce qui réclamerait une tension d'esprit pénible.

Avant l'exécution, essayez de bien comprendre le mouvement et ensuite, exécutez-le aussi mécaniquement que possible.

Le buste demeurera toujours droit, pour ainsi dire immobile sur la taille, seules les épaules se déplaceront, accompagnant le bras dans sa projection.

Prenez enfin quelques secondes de repos et passez au dernier mouvement de cette leçon. Voici en quoi il consiste.

Vous êtes debout, tendez les bras devant vous, rapprochez les mains de façon que les extrémités des doigts se touchent comme si vous alliez plonger.

Projetez le buste en avant et en même temps, écartez les bras, amenant les mains aussi loin que possible en arrière. Redressez le buste, tandis que les bras reviennent en avant, pour reprendre leur position primitive.

Ceci à dix reprises.

Les jambes, légèrement écartées, demeurent continuellement immobiles.

Evitez les secousses brutales; la projection du torse en avant doit se faire assez lentement, sans traîner cependant; de même pour le redressement.

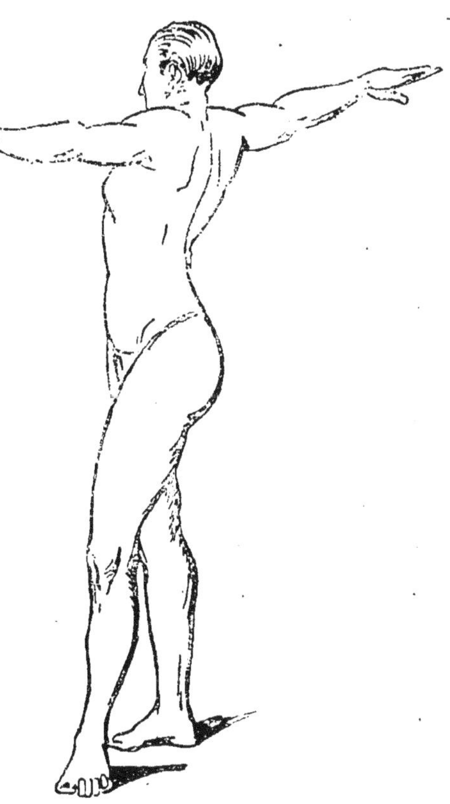

Figure 10.

Jamais

les poings fermés, au contraire, les mains biens étendues, sans rigidité.

Par ces trois exercices, nous avons fortifié les pectoraux, l'épaule, l'omoplate, tout en entretenant l'élasticité de la taille.

Cette quatrième leçon aura une durée de quatre jours et ce sera amplement suffisant, d'autant qu'il est assez malaisé de noter les progrès que nous auront procuré ces trois mouvements.

Nous atteignons ainsi la troisième semaine de l'entraînement et l'on doit constater un mieux sensible dans notre souplesse générale.

Les exercices commencent à devenir moins pénibles, on les accomplit sans essoufflement véritable. La sudation par contre devient un peu plus abondante. C'est une excellente chose, il faut transpirer, quiconque ne transpire pas, ne permet pas la respiration de la peau. C'est-à-dire que les produits toxiques, au lieu d'être expulsés, s'en vont dans le sang.

Si nous nous trouvons dans un bon état de santé, il est inutile que les mouvements soient exécutés avec rapidité, pour que la sudation se manifeste. Le geste seul suffit, en obligeant les glandes à accomplir leurs fonctions.

C'est pourquoi nous recommandons toujours la lenteur, la pondération. La rapidité, au contraire, engendre l'excitation nerveuse, qui annihile en quelques secondes tous les bienfaits de la gymnastique. Il en résulte en outre une fatigue mentale considérable, ce qui n'est pas assurément le but visé.

L'entraînement bien conduit doit être au contraire un repos pour l'esprit. Mené avec trop d'énergie, il obnubile les facultés du cerveau, déterminant la perte du sang-froid et fait de l'athlète une simple machine capable uniquement d'efforts physiques.

On a trop longtemps négligé l'influence de l'athlétisme sur l'esprit. Le sport auquel on se livre avec modération, est assurément salutaire au cerveau. Mais dès que se l'on départit de cette modération, on tombe facilement au rang de la brute.

Un juste équilibre est nécessaire; mépriser le sport, parce qu'on est un intellectuel est certainement une erreur. Mais c'est nuire à ses facultés intellectuelles, que de donner trop de place à l'effort physique.

Nous sommes en possession d'une force statique, qui se partage à peu près également entre les centres nerveux et les muscles.

Que l'un ou l'autre attire toute cette force à lui, l'équilibre est rompu : on peut alors être un génie dans un corps d'enfant, ou une brute dans un corps d'athlète.

Ceci nous amène à constater que toute gymnastique doit avoir pour but de tempérer le nervosisme. Donc, la précipitation, la crispation, l'effort intellectuel, est pernicieux dans tout exercice, à la période d'entraînement.

Ces détails étaient à noter ici, à cette quatrième leçon, car l'étudiant non prévenu, aurait été tenté d'accomplir les deux derniers mouvements avec une sorte de brusquerie. Ce serait détruire en quatre jours, les bons effets des leçons précédentes.

Arrivés à ce point, nous constatons que le ventre, les reins, le buste, les bras ont travaillé. Il ne reste donc plus que les jambes et les cuisses, pour que le corps entier, ait participé à l'entraînement.

Ce sera l'objet de la cinquième leçon.

IX

Tout exercice d'assouplissement, est en même temps un exercice musculaire.

Il ne faut donc pas s'étonner si l'on se trouve en face de mouvements qui, en apparence, ne semblent que développer l'élasticité des membres.

Pour que notre entraînement soit complet, il est nécessaire maintenant de nous occuper des jambes. Mais on ne doit perdre de vue l'espèce d'entrelacement qui existe entre les divers systèmes musculaires. Et lorsque nous obligeons la cuisse ou le mollet à un travail quelconque, nous soumettons en même temps les muscles du ventre à un effort salutaire. Le phénomène inverse est égalemant vrai, aussi quand nous avons exécuté les mouvements des premières leçons, nous avons déjà préparé les jambes à l'entraînement auquel nous voulons les soumettre.

Dans ces conditions, cette cinquième leçon n'est pas appelée non plus à durer une semaine, parce que nous avons affaire à des muscles déjà entraînés.

La négliger serait cependant une erreur, justement en raison de l'unité du système musculaire entier.

On ne doit pas voir là une préparation à la marche ou au saut, mais le complément de l'assouplissement général, qui, d'ailleurs, n'est pas terminé à cette cinquième leçon.

Néanmoins reconnaissons que notre méthode met l'étudiant dans un état tel que l'entraînement spécial à la course ne devient plus qu'un jeu.

En revanche pour le lancer, les poids, ou la boxe une préparation un peu plus longue sera nécessaire. Mais pour la nage, par exemple, notre étudiant est prêt à tenir dans les concours une place honorable.

Ces préliminaires bien compris, passons en revue les trois mouvements de cette cinquième leçons.

1er mouvement :

Placez-vous debout, les bras levés dans la verticale, les mains ouvertes.

Les jambes sont modérément écartées, les pieds formant un angle bien ouvert.

Conservez le buste droit,

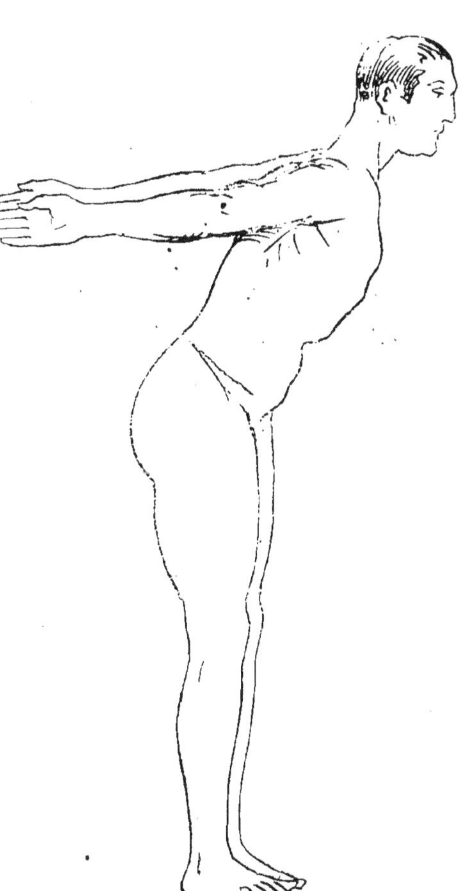

Figure 11.

et par exemple, la jambe gauche étant en avant, faites une flexion sur cette jambe en projetant le corps sans brusquerie.

Vous répétez cet exercice pour chaque jambe à six reprises consécutives environ.

Il faut éviter : 1° de pencher le torse; 2° de baisser la tête; 3° de déplacer les pieds.

Vous devez demeurer à la même place, les muscles des cuisses et des jarrets travaillant seuls véritablement.

L'écartement des cuisses sera toujours modéré, tenter de faire le grand écart est une erreur préjudiciable.

Lorsque vous avez achevé ces six flexions pour la jambe gauche, vous ramenez les talons l'un près de l'autre, soufflez quelques secondes et recommencez pour la droite.

Le premier mouvement sera exécuté avec autant de soin que possible, il prépare par l'effort qu'il réclame, aux deux suivants qui cependant paraissent plus aisés, mais demandent une plus grande dépense d'énergie.

Voyons maintenant le deuxième mouvement; mais notons au préalable que tout effort mental doit être proscrit. Si nous avons besoin de nous débattre pour conserver notre équilibre, il y a effort de l'esprit qui annihile les bienfaits de l'exercice lui-même.

Par conséquent, appuyez-vous le dos au mur, sans rigidité, simplement pour être soutenu d'une façon normale.

Levez les deux bras dans *l'horizontale*, les mains ouvertes.

Alors seulement haussez le genou droit, mais sans contraction, et sans essayer de le monter à des hauteurs prodigieuses.

Au contraire, le mouvement doit être naturel, le genou monte, puis redescend et cela à six reprises consécutives. Ce ne sera que l'entraînement lui-même, qui amènera normalement la cuisse à venir s'appliquer contre la poitrine. Mais sachons bien que pour obtenir ce résultat, il nous faudra de nombreux jours d'entraînement et ce ne sera point à la fin de cette cinquième leçon que nous y serons parvenus.

Nos six flexions environ achevées, reprenons le même exercice pour la jambe gauche, mais sans arrêt entre les deux.

Le buste demeurera droit tout le temps de l'exercice, son fléchissement serait un indice de fatigue.

Nous préférons cependant cette position à celle que recommandent certains traités et qui consiste à conserver son équilibre en se soutenir d'une main au dossier d'une chaise ou à tout autre meuble.

Les bras levés dans l'horizontale accroissent l'effort et facilitent le jeu des muscles du thorax, ce qui n'est jamais à négliger. En outre, le mouvement des jambes en est d'autant simplifié.

Il est inutile d'ajouter que le nombre des flexions est de six environ pour chaque jambe.

Voyons maintenant le troisième mouvement qui est le complémentaire de celui-ci.

3e mouvement :

Vous êtes encore appuyé au mur, vous laissez le poid du corps se porter au début sur le pieds gauche, afin de rendre le droit libre de tout contact avec sol.

Sans plier le genou, vous relevez lentement la jambe droite dans l'horizontale.

On évitera naturellement ici la rigidité, on aurait en effet tendance à contracter les muscles dans l'espoir de soulever la jambe bien droite. Ce serait une erreur, le mouvement sera beaucoup plus profitable, si vous vous livrez à cet exercice simplement, sans effort apparent, le genou ne serait pas exactement levé, que ce n'aurait aucune importance. Ce sera avec le temps que vous parviendrez aisément à lever la jambe entière très droite, les orteils dans le prolongement du torse.

En un mot, considérez ce mouvement comme un exercice d'assouplissement et non point comme un exercice de force; le résultat d'ailleurs sera le même au bout de l'entraînement.

Mais il ne faut pas conclure de là, que la jambe doit être lancée; non, elle est relevée progressivement avec un sage pondération. S'attarder serait également nuisible, tout le poids du corps étant supporté par l'autre côté.

Quant aux bras, ils sont dans l'horizontale, comme pour le mouvement précédent.

Ensuite vous passez à la jambe gauche, que

vous faites travailler de la même façon et également six fois.

Vous avez ainsi terminé la cinquième leçon, c'est-à-dire que vous avez parcouru l'entraînement entier. Il ne suffira plus maintenant que d'améliorer votre état physique, par un travail quotidien qui se prolongera deux ou trois mois, suivant le temps dont vous aurez à disposer.

Nous allons indiquer plus loin, la règle à suivre pour cet entraînement subséquent, qui sera d'autant facilité que vous connaîtrez tous les mouvements à exécuter.

Cependant arrivé à ce point, il est nécessaire de se rendre compte des résultats acquis.

Pour cela, mesurer votre tour de poitrine, le tour des cuisses, le tour du bassin,

Vérifiez votre poids et faites un examen général de votre physique.

Les tissus sont déjà plus fermes au toucher, la moindre contraction fait jaillir un muscle. La sudation après le travail e-t plus abondante.

Ces détails ayant été reconnus, livrez-vous à une séance *test*. Pour cela, adoptez les mouvements de la première leçon, qui vous fourniront les indications souhaitées.

Avant le travail, comptez vos pulsations, comptez également d'une façon approximative les battements du cœur.

Commencez la séance, exécutez les trois mouvements le nombre de fois prescrit, sans arrêt.

Puis recomptez les pulsations et les battements du cœur, notez si vous avez de l'essoufflement.

Reportez-vous alors à ce que nous avons dit précédemment et si vous ne vous trouvez pas dans les conditions voulues, le mieux est de visiter le médecin, qui vous donnera un diagnostic général et vous précisera vos possibilités sportives.

Dans tout entraînement, le rôle du médecin est prépondérant, vouloir l'éliminer, c'est se préparer à des misères phsysiologiques qui n'attendront pas l'age mûr pour se manifester.

Si au contraire de cette augmentation de poids, on constate, dès la fin du premier mois, un léger amaigrissement, ou les symptômes d'une digestion défectueuse, on pourra attribuer ces phénomènes, soit au surmenage physique, soit à une mauvaise alimentation. Enfin certaines maladies sont une contre-indication aux sports et dans ce cas, il sera prudent de s'abstenir après avis du médecin.

Certes, l'entraînement que nous recommandons ne peut occasionner aucun accident fâcheux, ce sera plutôt le *test*, qui vous permettra de vous rendre compte de vos aptitudes si vraiment vous êtes incapable de supporter l'effort minime qu'il réclame, ce sera l'indice qu'une affection quelconque s'oppose à de plus grandes dépenses d'énergie physique.

Nous donnerons plus loin un tableau succint spécifiant les maladies qui sont des contre-indications à la pratique des sports.

Dans l'entraînement, l'âge possède également une influence considérable, l'homme de 35 ans sera plus vite épuisé physiquement par la simple gymnastique suédoise que l'adolescent en pleine formation.

C'est pourquoi, il est toujours imprudent de conseiller indistinctement cette gymnastique à tous les hommes dans leur maturité.

Il est indubitable que l'exercice de la figure 12 fait tomber le ventre, mais il est tout aussi certain qu'il est nuisible au cœur surmené ou seulement fatigué; nous ne parlerons même pas des lésions.

Or tous les mouvements en sont là, à part peut-être, ceux ayant trait aux jambes et au bras et encore n'en est-on pas très sûr.

Or si on enfreint cette loi générale, c'est-à-dire qu'en dépit d'une affection quelconque on poursuit l'entraînement et la pratique des sports, on va de gaîté de cœur à des accidents irréparables.

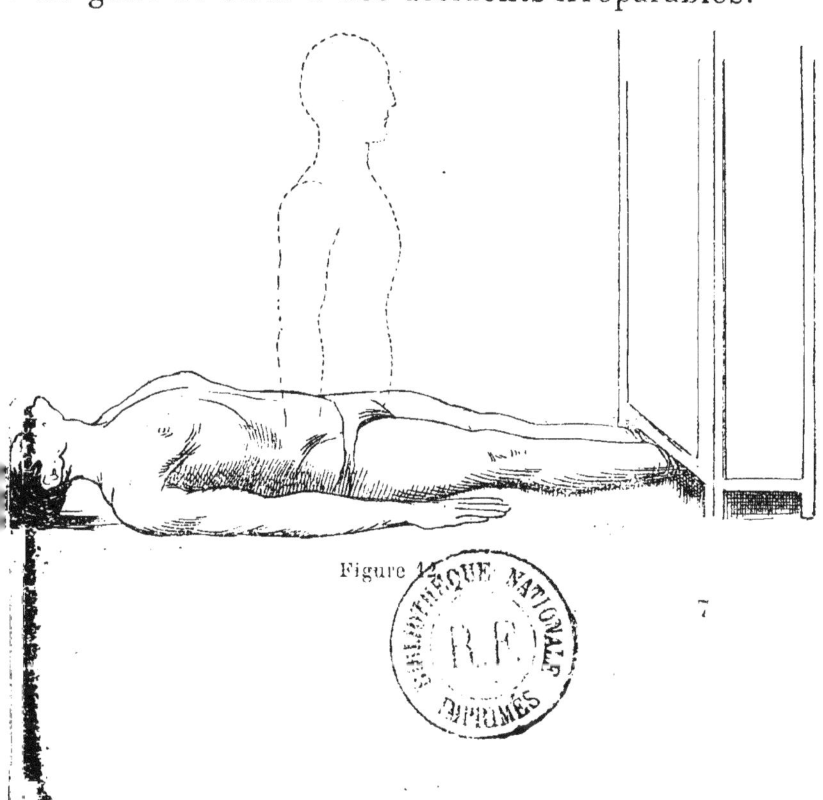

Figure 1[illegible]

Le médecin seul est apte à fournir des précisions à ce propos et peut-être lui faudra-t-il encore plusieurs examens approfondis.

Les parents de tout jeune homme, manquent à leur devoir le plus strict, en ne conduisant pas leur enfant, au moins une fois dans l'année, chez le praticien qui l'auscultera.

Lorsque la gymnastique suédoise, se réduit à quelques mouvements rythmés, elle est toujours favorable au développement, à la condition que chaque séance soit courte et ne soit jamais poussée jusqu'à la fatigue.

Dès que l'on va plus loin, que l'on se livre à un travail relativement intensif, la prudence est nécessaire, nous ne saurions trop le répéter.

Le premier mois par notre procédé doit donc fournir une indication, non pas absolue, parce qu'elle sera toujours revisable, mais tout au moins relative.

Ayant franchi ce premier stade sans fatigue, l'étudiant aura prouvé la solidité de ses organes, le bon état de ses tissus.

Celui-la alors continuera avec ténacité, s'examinant de mois en mois, jusqu'à la fin de la mauvaise saison.

A ce moment l'amélioration générale doit être sensible si l'on se trouve dans de bonnes conditions.

Il sera permis dès lors de s'entraîner spécialement pour l'un ou l'autre sport, c'est-à-dire se préparer à devenir un athlète.

Le succès ne sera cependant pas encore assuré et le test définitif ne pourra avoir lieu qu'à la fin de la deuxième année, lorsque l'on aura essayé de la course et du lancer qui sont les deux véritables critères.

Mais nous n'en sommes pas encore là, faisons pour l'instant un tableau récapitulatif des cinq leçons consécutives; nous donnerons ensuite la marche de l'entraînement qui en est la continuation normale.

X

Ce tableau est destiné à éliminer tout ce qui pourrait paraître diffus dans les cours des explications. Cette diffusion était cependant nécessaire, pour faire saisir à l'étudiant les différents détails ayant trait à chaque leçon. Or, après tout ce qui a été dit en bien et en mal sur la culture physique, il était nécessaire d'insister sur les divers inconvénients autant que sur les avantages de celle-ci.

Dans le tableau suivant ne subsistent donc plus que les éléments purement techniques.

1re Leçon

1er mouvement. — Fig. 7. — Mouvement circulaire des bras dans le plan vertical, sans contractions musculaires et les mains ouvertes. Répété 10 fois.

2e mouvement. — Fig. 8. — Flexion du buste sur les jarrets, les talons presque joints, les bras levés, les mains ouvertes. Eviter les contractions musculaires et la précipitation. 10 fois.

3e mouvement. — Fig. 9. — Flexion du buste en avant, les jambes immobiles, les talons presque joints, avec relèvement consécutif dans la verticale. Les bras levés, les mains ouvertes. Eviter la précipitation, le mouvement devant être rythmique. Répété 10 fois.

2e Leçon

1er mouvement. — Fig. 10. — Rotation du buste sur la taille, les bras étendus dans le plan horizontal, les mains ouvertes. 1er temps : rotation de droite à gauche, le pied gauche se trouvant en avant. 2e temps : rotation de gauche à droite, le pied droit en avant. Répété six fois dans chaque sens.

2e *mouvement.* — Fig. 11. — Balancement du buste d'avant en arrière et inversement. Les bras levés dans le plan vertical, les mains ouvertes. C'est un balancement cadencé, sans contraction musculaire. Les jambes rapprochées, les talons joints. A répéter 10 fois.

3e *mouvement.* — Fig. 12. — Redressement du torse par la contraction des muscles du ventre et des reins. Le corps allongé sur un tapis, le bout des pieds engagés sous un meuble qui sert de point d'appui. Eviter l'effort, ce n'est que par l'entraînement que l'on parvient au redressement complet. Les bras le long du corps, les paumes en l'air. Répété 10 fois.

3e Leçon

1er *mouvement.* — Fig. 13 et 14. — Elévation consécutive puis simultanée des jambes. Le corps est allongé sur un tapis, les bras placés dans le prolongement du buste.

On commence par lever une jambe après l'autre. 6 fois de suite, chaque jambe. Ensuite simultanément les deux jambes. 6 à 10 fois.

2e *mouvement.* — Fig. 15. — Redressement du buste dans le plan vertical, les jambes demeurant dans le plan horizontal. Redressement sans appui. Le corps est allongé, les bras étendus, les mains ouvertes. On relève doucement le torse en lui imprimant un léger balancement, sans contraction musculaire. L'évolution terminée, les mains viennent toucher les pieds. A répéter 10 fois.

3e *mouvement.* — Fig. 16. — Semi-rotation du buste dans la position assise. 1er temps : la main gauche est placée sous la nuque, le torse est droit, la tête rejetée en arrière. Le bras droit est étendu dans le prolongement de l'épaule, sur le plan horizontal. Les jambes étant largement écartées, le bras droit décrit un demi-cercle et la main vient toucher l'extrémité des orteils du pied gauche. 2e temps : la main droite est sous la nuque, le bras gauche décrit le demi-cercle et touche le pied droit. A répéter 6 fois, chaque temps. Mouvement d'assouplissement, devant être exécuté au moyen d'un balancement sans contraction musculaire.

4e Leçon

1er *mouvement.* — Fig. 17. — Elévation du corps par contraction radiale. Le corps est allongé, à plat ventre sur le sol, les mains étalées de chaque côté à la hauteur de l'aisselle, les coudes bien relevés. Lente-

Figure 13.

ment on se soulève sur les mains, jusqu'à ce que le bras soit complètement tendu, les jambes demeurant rigides. Eviter la précipitation aussi bien en montant qu'à la descente. Le mouvement doit être cadencé et répété 10 fois.

2e *mouvement.* — Fig. 18. — Lancer les bras dans le plan horizontal. C'est uniquement le mouvement de la brasse. La main gauche étendue est ramenée à la base de l'omoplate gauche, le bras droit étendu. On lance le bras gauche en avant et l'on ramène le droit en arrière dans la position du premier. Pas de contraction musculaire, mais simple balan. Les pieds restent sur la même ligne, légèrement écartés. Le buste demeure droit, et suit le mouvement alternatif des bras. 10 fois.

3e *mouvement.* — Fig. 19. — Projection du buste en avant avec écartement des bras. Les mains sont jointes, les bras tendus dans l'horizontale. On lance le buste en avant, tandis que les bras s'écartant, s'en vont en arrière. Les jambes sont presque accolées, et restent immobiles. A répéter 10 fois.

5e Leçon

1er mouvement. — Fig. 20. — Flexion de la jambe avec projection du corps en avant. Les deux pieds placés l'un devant l'autre à angle aigu et suffisamment séparés, restent toujours à terre. 1er temps : le pied droit est en avant. Les bras tendus dans l'horizontale, on projette le corps, entraînant ainsi une flexion de la jambe droite, la gauche au contraire s'étendant. On ramène le corps dans la position normale et l'on recommence. 2e temps : le pied gauche est en avant; le mouvement est inverse. Eviter la contraction et pour cela laisser la main ouverte. De même pas de précipitation, mais de la cadence. A répéter chaque temps 6 fois.

2e mouvement. — Fig. 21. — Elévation du genou dans le plan horizontal. Les bras sont étendus horizontalement, les mains ouvertes. Le dos est appuyé légèrement au mur pour éviter les efforts d'équilibre. On lève d'abord le genou droit, on le rabaisse, ramenant le pied au sol, on le relève, etc. 6 fois à la suite. On passe ensuite au genou gauche, sans arrêt intermédiaire. 6 fois de suite. Pas de contraction musculaire, une sorte de balancement rythmique.

3e *mouvement.* — Fig. 22. — Elévation de la jambe entière. On est appuyé au mur, les bras dans le plan horizontal, le buste droit. On lève la jambe droite entière, sans plier le genou, autant que possible la pointe du pied dans le prolongement du mollet. A répéter 6 fois. On passe alors à la jambe gauche et l'on opère d'une façon identique. Encore un mouvement d'assouplissement, qui ne réclame aucune contraction musculaire, mais un balancement continu.

De ce qui précède on peut conclure que nul exercice ne réclame de contraction musculaire violente qui l'entraîne toujours à un effort nerveux préjudiciable à l'équilibre de l'organisme.

Il faut au contraire s'ingénier à imprimer au corps, un balancement cadencé dès le début du mouvement, balancement qui suffit à constituer l'effort.

On n'exécute jamais deux exercices différents sans laisser entre eux un temps de repos, constitué par une courte marche. De même lorsque l'exercice se fait dans la position couchée, on se relèvera avant de passer au second, même si celui-ci est également dans la position couchée.

Fermer les poings est une cause de contraction nerveuse qui accroît la fatigue, sans bénéfice appréciable. On laissera donc les mains normalement ouvertes, sans vouloir absolument joindre les doigts.

Pendant toute la durée d'un exercice, la bouche doit rester close, la respiration se produisant uniquement par les narines. Cette respiration étant difficile ou pénible, il y aura lieu de consulter un médecin qui pourra peut-être constater la présence d'affections naso-pharyngiennes.

Dans une flexion quelconque du buste, on ne devra jamais ressentir aucune douleur, soit dans la région de l'aine, soit dans celle du bas-ventre. Dans l'inclination du torse en arrière, les jambes seront toujours accolées.

Quelques traités de gymnastique suédoise conseillent la flexion latérale du buste. Nous la croyons inutile ou tout au moins superflue avec notre méthode réduite.

La méthode Muller (mon système), qui est la mère de toutes les autres méthodes, n'est applicable en son entier, qu'aux individus exempts de tare organique. Elle est parfaite pour l'athlète déjà entraîné, pouvant disposer chaque jour d'un peu de temps à consacrer à la gymnastique.

Voici maintenant le nombre de jours moyen que réclame chaque leçon de notre procédé :

1re leçon = 8 jours.

2e leçon = 8 jours.

3e leçon = 8 jours.

4e leçon = 4 jours.

5e leçon = 4 jours.

Nous arrivons ainsi au total de 32 jours qui est le temps normal pour permettre de connaître les résultats de l'entraînement.

Il est préférable de s'en tenir aux chiffres ci-dessus, même en admettant que l'on soit doué d'une vigueur particulière. Dans ce cas, très souvent, c'est la souplesse qui fait défaut.

Si au contraire on jouit d'une certaine élasticité, on manque de vigueur ou plus exactement de résistance musculaire.

Dans l'une ou l'autre alternative, ce minimum de 8 jours pour les trois premières leçons est à peu près nécessaire.

Si on souffrait trop vite de la fatigue locale, on réduira seulement le nombre de reprises, par exemple 6 au lieu de 10 ; 4 au lieu de 6.

L'essoufflement rapide, réclame plus de lenteur dans l'exécution du mouvement. S'il persiste, on craindra les troubles cardiaques et l'on consultera un praticien.

Dans l'entraînement sportif technique, on utilise divers instruments qui permettent de contrôler avec précision les battements du cœur, les pulsations.., etc., en un mot de mesurer la fatigue. Il serait trop long d'entrer ici en des détails à ce propos et les lecteurs que la question intéresserait pourraient nous demander les renseignements.

Les moyens que nous indiquons cependant peuvent rester suffisants dans l'entraînement courant. Mais il ne faut perdre de vue que la fatigue se situe aussi bien dans l'organisme général que dans un organe particulier : cœur, poumon, cerveau... voire l'intestin ou le foie.

On saisit dès lors la nécessité de ce *test* mensuel, durant le cours de l'entraînement. Et lorsque nous insistons sur la régularité des selles, ou la clarté des urines, nous ne croyons pas sortir du cadre que nous nous sommes assignés, c'est-à-dire mettre les jeunes gens en garde contre l'abus des sports.

De tout surmenage, il résulte un affaissement nerveux très difficilement réparable et c'est là assurément le moins grave de ses résultats.

Les parents feront donc bien de veiller sur les jeunes gens et davantage encore sur les jeunes filles qui appartiennent aux diverses sociétés sportives, sans avoir subi un entraînement préalable ou sans avoir visité le médecin.

C'est assurément dans les sociétés que se font les sélections; mais nous voudrions au contraire que les sociétés fussent elles-mêmes une sélection. Ce but peut-être atteint aisément à l'heure actuelle où le sport a pénétré dans toutes les classes sociales. Il suffirait pour cela d'un examen d'entrée avant d'être admis comme membre actif. Ce titre serait alors un réel brevet de vigueur dont le possesseur pourrait être justement fier.

Ce n'est en outre que dans la famille que l'on peut veiller à l'alimentation du sportif. Manger beaucoup n'est pas un indice; digérer beaucoup doit être le vrai résultat. Or la saine alimentation se digère mieux, assimile

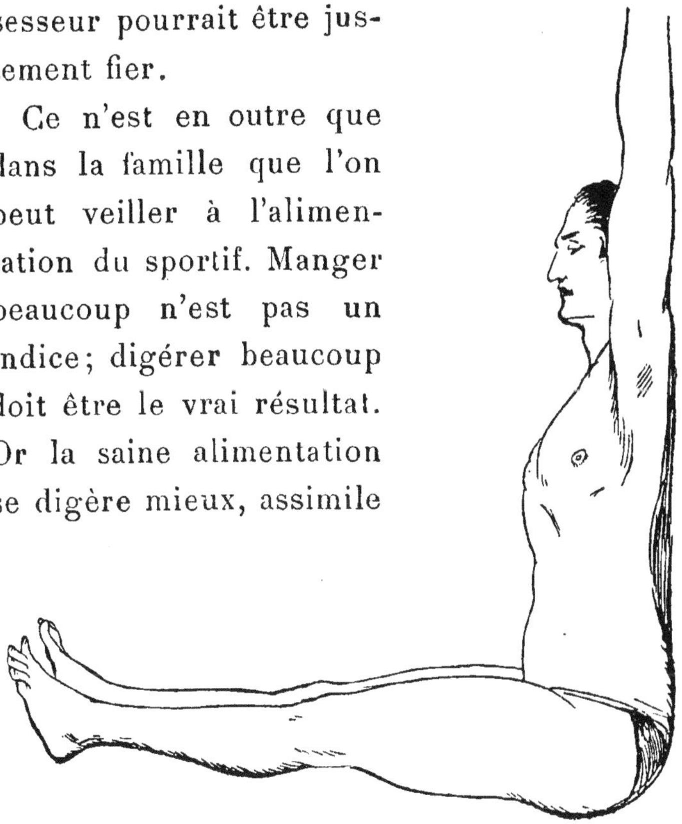

Figure 14.

davantage; elle aide à l'entraînement, comme l'entraînement modéré lui est favorable.

Nous avons tout dit, croyons-nous, au sujet de ce premier mois de culture physique, passons maintenant à l'examen des leçons suivantes, qui se poursuivront pendant deux ou trois mois, jusqu'au retour de la belle saison.

XI

Nous sommes maintenant mieux aguerris; nos muscles peuvent sans fatigue supporter un plus long effort, sans que cet effort nécessite une perte de temps supérieure.

Dans ces conditions, trois mouvements seulement par leçon deviendront insuffisants; doubler le nombre serait peut-être exagéré. Contentons-nous donc de cinq exercices différents.

Or si nous passons en revue les divers mouvements des cinq premières leçons, nous constatons qu'ils obligent tous les muscles au travail.

Nous les connaissons bien, nous les exécutons sans même réfléchir. Ce sont là deux qualités qui économisent la fatigue.

Nous nous en tiendrons donc à eux pour la continuation de l'entraînement et afin d'obtenir néanmoins un peu de diversité nous intervertirons leur ordre.

Si nous nous résolvons à adopter le chiffre de cinq exercices quotidiens, nous voyons aussitôt un procédé simple qui est le suivant :

Pour la sixième leçon nous choisirons le premier mouvement des cinq précédentes. Nous avons alors :

6e leçon

Fig. 7. — Fig. 10. — Fig. 13 et 14.
Fig. 17. — Fig. 20.

7e leçon

Fig. 8. — Fig. 11. — Fig. 15.
Fig. 18. — Fig. 21.

8e leçon

Fig. 9. — Fig. 12. — Fig. 16.
Fig. 19. — Fig. 22.

Nous obtenons de cette façon un entraînement complet chaque jour. Tous les muscles travaillent quotidiennement, dans une gradation normale.

Comme temps, attribuons une semaine à la 6e; une semaine à la 7e; une semaine à la 8e leçon. Ceci nous amène à trois nouvelles semaines d'entraînement.

Que la dernière du mois soit la semaine du test. Nous compterons nos pulsations et nos battements de cœur, avant et après chaque séance.

Pour que ce test soit exact autant que définitif, nous ferons une leçon différente tous les jours ainsi :

Le 1er jour : 6e leçon.

Le 2e jour : 7e leçon.

Le 3e jour : 8e leçon.

Le 4e jour : 6e leçon.

Le 5e jour : 7e leçon..., etc.

Nous pouvons, de cette façon, nous rendre compte des variations de notre état physique.

Si les différences entre les nombres de pulsations sont minimes, nous serons certains que nous nous trouverons en d'excellentes conditions.

Dans le cas contraire, nous tâcherons de savoir avec certitude quel est l'organe qui cloche, quel est le système de muscles qui se montre paresseux.

A ce moment cependant, l'essoufflement doit avoir totalement disparu.

Pour le troisième mois enfin, nous reprendrons les leçons dans leur ordre naturel, mais en augmentant pour chaque mouvement le nombre des reprises.

En outre, on changera quotidiennement la leçon, par exemple :

Le 1er jour — 1re leçon.

Le 2e jour — 2e leçon..., etc.

Nous aurons de cette manière un entraînement complet par cinq jours, entraînement particulièrement violent, qui doit amener un rapide déséquilibre, si nous ne sommes en de bonnes conditions organiques ou simplement musculaires.

La dernière semaine, nous ferons encore un test, sérieux cette fois, en nous entourant de toutes les précautions voulues.

Suivant le résultat de ce test, nous nous

décideront, soit à poursuivre la pratique des sports, soit à voir un médecin pour lui réclamer les conseils nécessaires à notre continuation.

Il est possible, en effet, que certains exercices soient utiles, tandis que d'autres seront purement nuisibles, voire dangereux.

De même il est possible de s'adresser à un sport avec fruit, tandis qu'un autre serait préjudiciable à l'économie.

Nous allons donner un tableau succinct des principales contre-indications.

XII

D'après le tableau suivant on constate que les affections du cœur interdisent à peu près tous les sports, surtout les plus violents.

Toutefois il sera permis de se livrer à une culture physique modérée, pourvu que les mouvements soient toujours cadencés, sans nulle crispation. On favorisera ainsi les fonctions de la digestion, de l'assimilation, voire de la respiration, mais aller au delà serait certainement pernicieux.

Toutes les lésions pulmonaires défendent les exercices où la respiration entre en jeu, comme facteur principal.

Ce sont assurément les deux tares physiologiques les plus importantes. Ensuite viennent la hernie qui est un obstacle à tout effort musculaire et les varices qui sont dangereuses aux coureurs.

Quelques sports, comme la natation qui peut se pratiquer même avec une constitution faible sont à recommander aux débutants. Le golf est excellent, quoi qu'on n'y attache grande importance ; il fortifie pourtant le système musculaire avec autant de régularité que de douceur.

Affections organiques qui contre-indiquent la pratique des sports

Les lésions pulmonaires contre-indiquent :

course de vitesse.
course de fond.
natation.
foot-ball.
boxe.

Les lésions cardiaques contre-indiquent :

course de vitesse.
course de fond.

Les lésions cardiaques contre-indiquent :

saut en longueur.
saut en hauteur.
boxe.
lutte.
aviron.
haltères.

Palpitations contre-indiquent :

course de vitesse.
course de fond.
saut en longueur.
foot-ball.
boxe.

Hernie, pointe de hernie contre-indiquent :

course de fond.
course de vitesse.
foot-ball.
sauts divers.
haltères, agrès.
lancers divers.
boxe.
équitation exagérée.

Lésions musculaires[1] contre-indiquent :

course de fond.

course de vitesse.

lancers.

boxe.

Lésions articulaires contre-indiquent :

course de fond.

course de vitesse.

foot-ball.

lancers divers.

tennis.

équitation, cyclisme.

sauts divers.

Lésion de l'oreille contre-indique :

natation.

Lésions du foie contre-indiquent :

boxe.

équitation.

Varices contre-indiquent :

course de fond.

1. La lésion musculaire contre-indique le sport afférent, suivant qu'elle appartient aux membres supérieurs ou inférieurs. Une lésion musculaire du bras ne contre-indique pas la course par exemple. Mais celle d'une jambe contre-indique la boxe, etc., etc.

Varices contre-indiquent :

course de vitesse.
sauts divers.
tennis.
boxe, cyclisme.
lutte.

En résumé, les sports à recommander aux constitutions faibles ou possédant une tare physiologique, sont :

Le golf.
Le hockey.
La natation.
L'escrime.

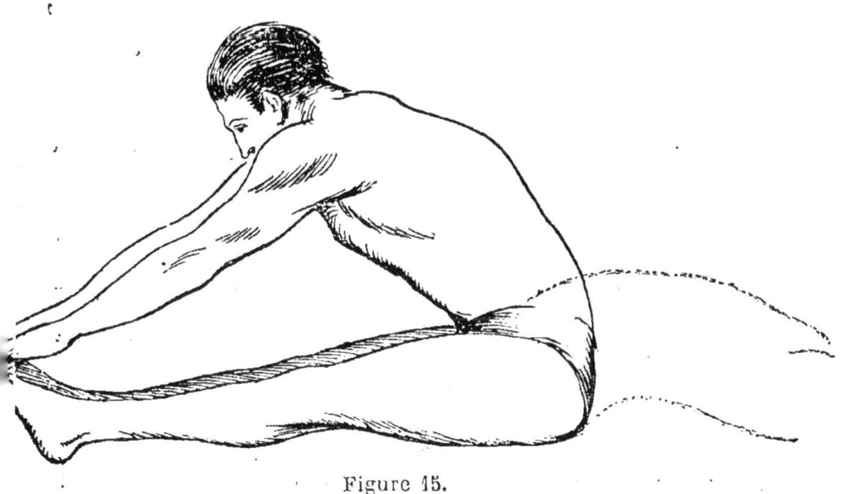

Figure 15.

L'aviron, modérément.

La marche rythmée.

La culture physique prudente.

Le cyclisme serait excellent si les jeunes gens n'avaient tendance à aller très vite à l'exagération.

De même l'aviron sera pratiqué avec prudence tant que l'on ne sera certain de l'équilibre organique.

Mais le premier de tous les sports hygiéniques est la marche rythmée, comme elle est indiquée au tome I.

Dans le cas de lésions pulmonaires graves, ce qui se produit rarement pour l'adolescent, on supprimera simplement le comptage.

Nous croyons cependant qu'elle sera toujours profitable au jeune homme, quel que soit son degré de santé.

Si on ne peut pratiquer le sport d'une façon intensive, après ce deuxième stade de l'entraînement, on s'adonnera de nouveau à la marche rythmée dès le retour de la belle saison.

On pourra en ce cas cesser de compter et parcourir un plus long espace. L'usage de la canne est cependant à recommander, elle diminue la fatigue et possède une grosse influence sur le *dentelé*.

Une fois ou deux fois par semaine, on fera une partie de golf, ou une partie de hockey, en évitant pour ce dernier jeu les efforts brutaux.

Le tennis sera excellent également, si l'on montre de la modération.

S'il n'y a pas de lésions pulmonaires graves, on se permettra la natation, mais sans abus, trois fois par semaine, durant les beaux jours, et de préférence dans le courant de l'après-midi la digestion bien terminée.

Tous ces détails se rapportent aux constitutions faibles, voire moyennes. Ce que nous disons là évidemment n'intéresse pas le véritable aspirant athlète.

Cependant il était nécessaire d'en parler, car c'est au terme de ce deuxième entraînement que l'on peut se rendre compte d'une façon sûre, jusqu'à quel point les sports violents nous sont permis. Beaucoup d'étudiants par conséquent bifurqueront vers la modération, laissant de côté l'entraînement intensif du sportif.

Ceux-là profiteront des conseils que nous venons de donner, et ils se trouveront bien de les suivre dans la mesure du possible. Ils entretiendront par ce moyen leur organisme et souvent en accroîtront la puissance.

Pour eux, le régime alimentaire demeurera le même que précédemment, à moins, naturellement, d'avis contraire du médecin. Toutefois ils pourront s'autoriser une certaine suralimentation, si en même temps, ils se livrent à des exercices réguliers.

Dans un bon régime de suralimentation, entrent en grande quantité : la viande et le sucre. La viande également tiendra une place importante. Quant aux œufs, malgré l'opinion courante, ils resteront secondaires.

Par viande, nous entendons le mouton et le bœuf rôti. Les ragoûts sont indigestes pour les individus non robustes, n'ayant pas une grande facilité d'assimilation.

La soupe n'est qu'un accessoire, qui devient pernicieux, pris en quantité.

On ajoutera les fruits secs en compote et le fromage, principalement les Roquefort et Gruyère.

Comme boisson, l'eau pure[1] sera préférable aux vin, bière.., etc. Les eaux minérales de régime ne sont pas à conseiller aux jeunes gens et l'on n'en usera pas sans avis du médecin.

1. Voir tome I.

Figure 16.

Par contre, pour l'homme et la femme après trente-cinq ans, elles sont le plus souvent nécessaires.

Nous donnerons au chapitre suivant, quelques indications sur la valeur nutritive des divers aliments, indications qui pourront servir à tout le monde.

Quoiqu'il en soit, la base de l'alimentation sera le sucre et le lait.

Mais la suralimentation doit toujours être associée à la culture physique sous quelque forme que ce soit. L'un vient au secours de l'autre et lui permet de produire tous ses fruits.

Pour l'athlète, il en est tout autrement, il a besoin quotidiennement d'une certaine quantité de calories, bien supérieure à celle nécessitée par l'individu se livrant à une culture physique modérée.

Et nous considérons comme athlète, quiconque a franchi sans faiblir, le deuxième stade de notre entraînement.

Il a en effet amené son organisme au maximum d'équilibre, les graisses ont fondu pour donner en revanche de l'épaisseur aux muscles.

Sa circulation se fait parfaitement et l'absence d'essoufflement indique une bonne respiration.

Certes, il pourrait en rester là, mais il est dans la nature de l'homme de toujours chercher le mieux.

A un entraînement plus v o e t, il faudra une alimentation encore n eux raisonnée. Il sera prudent de se prémuni à ce propos, dès les dernières semaines de ce deuxième stade.

XIII

Le régime alimentaire que nous avons préconisé au tome I, serait suffisant. Cependant, en période d'entraînement violent, mais entraînement de l'amateur et non point du professionnel, il est préférable d'y apporter quelques modifications.

Ce changement pourrait avoir lieu dès le troisième mois de la culture d'hiver, afin de placer le sportif en de bonnes conditions pour les exercices qui l'attendent au retour de la belle saison.

Si on se rapporte aux données que nous avons fournies au tome I, on peut résumer le régime alimentaire de l'aspirant sportif, aux quantités suivantes :

Hvdrates de carbone	550 à 650	grammes
G. .isse	100	—
Protéïdes	125	—

Nous considérons ces chiffres comme un minimum, et il est toujours prudent de les dépasser, pour l'adolescent surtout, qui a besoin de sa ration d'entretien ajoutée à la ration de croissance.

Le régime indiqué au tome I, nous le transformerons donc ainsi :

1er déjeuner : 3/4 de litre de lait, augmenté de 40 grammes de sucre, 150 grammes de pain, accru de 50 grammes de beurre.

10 heures du matin : 30 grammes de sucre absorbés sous une forme quelconque : chocolat, et pain par exemple. (1 grosse barre et une tranche pain.

Déjeuner de midi : comme nous l'avons donné au tome I. 200 grammes de pain. Pruneaux cuits aussi souvent que possible, très sucrés.

4 heures de l'après-midi : Un thé léger,

50 grammes de pain, 30 grammes de confiture.

Repas du soir : comme indiqué au début de cet ouvrage.

Avant de se coucher après massage : 1/2 litre de lait, 20 grammes de sucre.

On obtient de cette façon une suralimentation constante, que la culture physique intensifiée rend aisément assimilable.

Il faut se rappeler que le jeune homme va se trouver dès le retour de la belle saison en face d'un effort considérable ; il est donc nécessaire de préparer la machine entière à cet effet.

Ne jamais oublier ses deux verres d'eau aux repas ; un à midi, l'autre le soir; on augmenterait d'un verre dans la journée entière qu'on n'en retirerait qu'un effet bienfaisant.

Cependant la culture physique quotidienne avec une alimentation semblable sera énergique. Chaque matin, on exécutera une leçon, en fournissant progressivement jusqu'à vingt reprises de chaque mouvement. Pourtant on n'intervertira pas l'ordre des leçons et, de la sixième, on reviendra soigneusement à la première. Une règle immuable est la base de tout entraînement sportif.

La saison devenant moins froide, on ne négligera pas les promenades quotidiennes aux heures les plus commodes; que ce soit le matin ou le soir, le résultat sera le même.

Cette promenade se fera d'un pas allègre, les bras pendants, accompagnant les mouvements du corps.

Voyons maintenant la valeur nutritive des divers aliments. *Balland*, dans son ouvrage : *Les Aliments*, nous fournit les chiffres suivants :

		En moyenne
Bœuf.	Hydrates de carbone	2,30[1]
	Graisses	3,20
	Protéïdes	15,20
Mouton.	Hydrates	2,36
	Graisses	6,53
	Protéïdes	17,86
Pain viennois.	Hydrates	57,29
	Graisses	0,11

1. Ces chiffres ne sont ici qu'approximatifs, Balland faisant une différence entre les diverses parties de l'animal.

	Protéïdes	7,03
Chocolat.	Hydrates	62,65
	Graisses	25,50
	Protéïdes	8,35
Beurre d'Isigny.	Hydrates	0,00
	Graisses	83,58
	Protéïdes	2,52
From. : Gruyère.	Hydrates	1,79
	Graisses	26,95
	Protéïdes	36,06
Roquefort.	Hydrates	3,00
	Graisses	38,30
	Protéïdes	25,16
Haricots secs.	Hydrates	53,68
	Graisses	1,44
	Protéïdes	20,18
Lentilles.	Hydrates	56,07
	Graisses	1,45
	Protéïdes	23,04
Œuf.	Hydrates	1,43
	Graisses	11,04
	Protéïdes	11,59
Hareng fumé.	Hydrates	0,71
	Graisses	14,97

	Protéïdes	51,62
Merlan.	Hydrates	1,25
	Graisses	0,46
	Protéïdes	16,15
Maquereau.	Hydrates	0,28
	Graisses	15,04
	Protéïdes	15,67
Nouilles.	Hydrates	75,21
	Graisses	0,60
	Protéïdes	11,58
Riz.	Hydrates	75,22
	Graisses	0,30
	Protéïdes	8,89
Pommes de terre.	Hydrates	17,58
	Graisses	0,04
	Protéïdes	1,71
Navets.	Hydrates	5,57
	Graisses	0,06
	Protéïdes	0,47
Carottes.	Hydrates	9,50
	Graisses	0,19
	Protéïdes	1,19
Tomates.	Hydrates	2,92
	Graisses	0,10

	Protéïdes	0,89
Melon	Hydrates	3,72
	Graisses	0,11
	Protéïdes	0,60
Pommes.	Hydrates	14,41
	Graisses	0,06
	Protéïdes	1,44
Poires.	Hydrates	9,93
	Graisses	0,04
	Protéïdes	0,24
Raisins.	Hydrates	17,69
	Graisses	0,38
	Protéïdes	0,49
Figues.	Hydrates	53,67
	Graisses	2,10
	Protéïdes	2,26
Pruneaux.	Hydrates	71,44
	Graisses	0,40
	Protéïdes	2,47
Châtaignes	Hydrates	33,16
	Graisses	0,89
	Protéïdes	2,47
Noix.	Hydrates	17,57
	Graisses	41,98

Protéïdes 11,05

Ces chiffres sont entendus en grammes, pour 100 grammes d'aliment. Par exemple :

100 grammes de pain donnent :

57 gr. 29 d'hydrates de carbone
0 gr. 11 de graisses
7 gr. 03 de protéïdes

Nous avons choisi les aliments les plus usuels, afin de ne pas compliquer ce tableau.

Avec ces données il est possible d'établir d'une façon approximative le repas de l'athlète.

Ces chiffres sont revisables tous les jours, les progrès de la science, nous apprendrons peut-être prochainement que nous nous trompons. En tout cas, dans l'état actuel des connaissances, nous devons les considérer comme exacts.

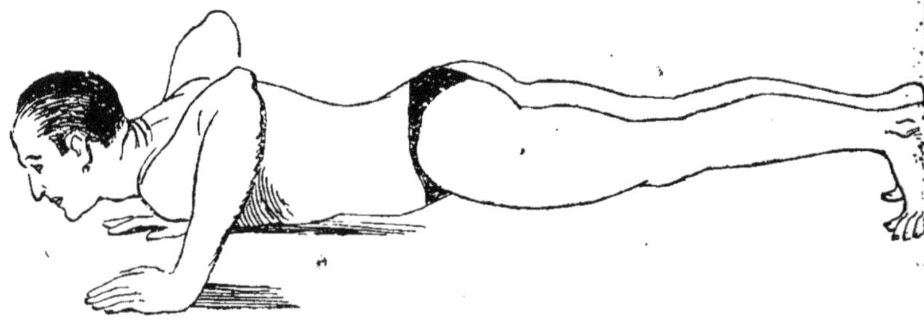

Figure 17.

Dans l'alimentation de l'athlète ne pas faire une grande place aux graisses serait une erreur. Nous avons vu, en effet, dans le tome I que lorsque les muscles se sentent défaillants, ils

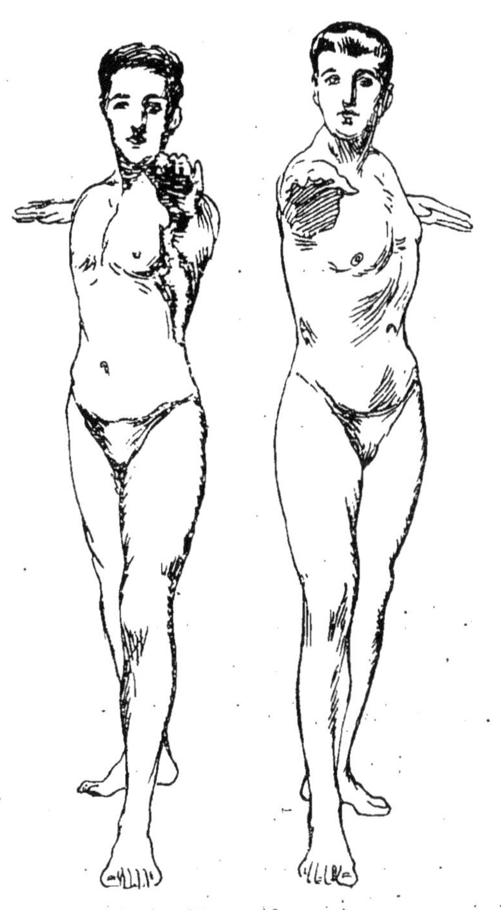

Figure 18.

vont puiser la nourriture dont ils ont besoin dans les tissus.

Un régime où entre une bonne part de graisse, constitue donc une réserve de vigueur pour l'appareil musculaire. Les sels minéraux, sont surtout fournis par les légumes verts, mais ils paraissent peu nécessaires à l'athlète.

Le régime alimentaire que nous préconisons ici, n'est évidemment destiné qu'à l'amateur. Le professionnel ayant des nécessités de diminution de poids, diminuera la quantité de certains aliments au dépens d'autres. Il sera en outre contraint d'absorber chaque matin un laxatif destiné à éliminer tous les déchets.

Le sportif amateur, au contraire, devra emmagasiner des calories, dût-il accroître la proportion des tissus. Ceux-ci avec l'entraînement suivant, que nous détaillerons dans les deux tomes III et IV, sont destinés à se résorber rapidement.

En un mot, le professionnel est pressé par le temps, l'amateur a comme unique but d'accroître sa vigueur générale. Il importe peu que la lourdeur de son buste ralentisse sa vitesse à la course, si l'état organique est bon.

XIV

Nous voici arrivé au terme de ce second entraînement qui doit être définitif pour indiquer l'aptitude aux sports.

L'étudiant en effet a atteint un plein développement qui est un équilibre relatif. La courbe peut descendre soit par le fait du surmenage, soit au contraire par l'abandon de la culture physique.

Si donc, durant les derniers mois on n'a ressenti aucun trouble qui puisse avertir de la présence d'un lésion quelconque, on pourra se croire en excellentes conditions pour faire véritablement du sport.

Mais on sera prudent en s'astreignant à un dernier test, qu'il sera possible d'essayer sans l'aide du médecin.

Un moyen excellent de déceler les tares cachées est la prise de la température après la séance de gymnastique. On emploie pour cela le thermomètre ordinaire que chacun connaît.

Dans une parfaite situation physiologique, il ne doit se manifester après l'exercice, aucune élévation de la température; à la rigueur une très légère, mais jamais supérieure à 1°.

Si, par contre, on notait cette élévation d'une façon accentuée, on pourrait craindre la tuberculose plus ou moins déclarée. Un pré-tuberculeux, aura presque toujours une température dépassant 38°5 après un effort modéré.

Il arrive cependant qu'un sujet sain offre une surélévation anormale, à la suite d'un exercice très violent et longtemps soutenu. Il y a là l'indice d'un excès qu'il est préférable de ne pas renouveler, mais cela n'impliquera pas l'existence d'une lésion organique.

La température normale de l'homme est de 37 degrés, parfois 37,6 chez l'adolescent.

Ce premier point établi, on recherche le « coefficient de robusticité » de Piguet.

Voici comment on opère :

1° on prend la taille : *a*

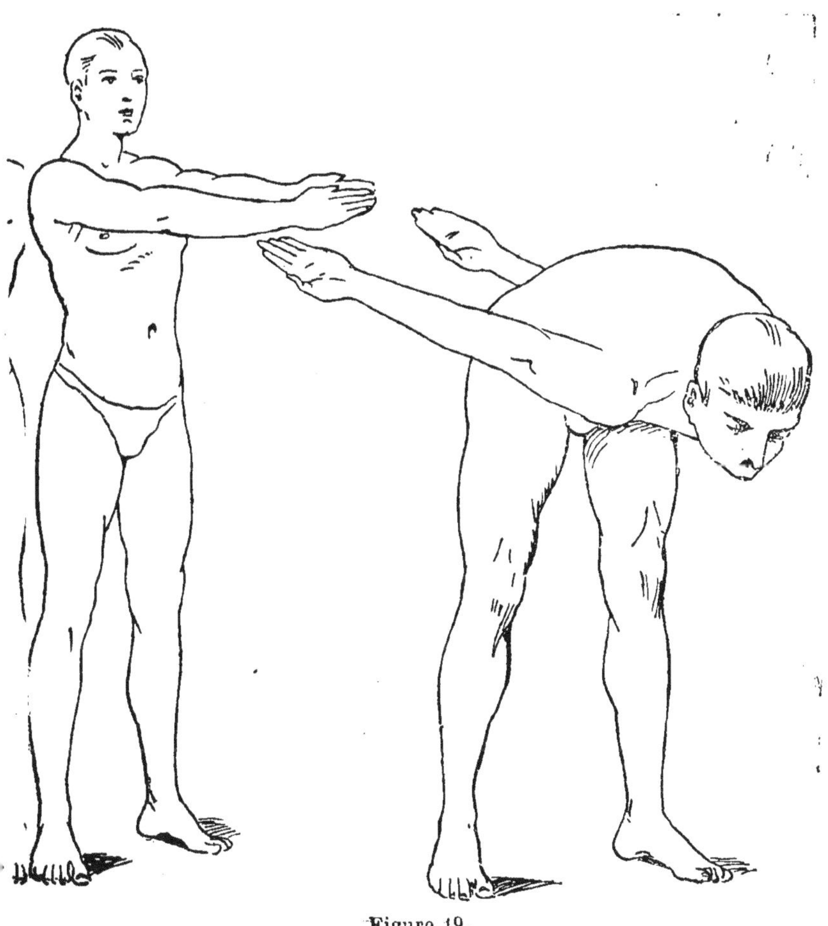

Figure 19.

2° on se pèse : b

3° on prend le périmètre : c.

Le coefficient x sera :

$$x = a - (b + c)$$

Prenons un exemple numérique pour nous faire mieux comprendre.

Admettons que la taille a, soit 1 m. 72.

— le poids b, soit 70 kilos.

— le périmètre c, soit 82.

$$x = 172 - (70 + 82)$$

$$\text{ou bien } x = 172 - 152$$

$$\text{d'où } x = + 20$$

Le nombre 2 sera donc le coefficient du sujet.

Ceci acquis reportons-nous à la table de Besson. Cette table est la suivante :

De + 10 à — 10 = vigueur supérieure.
— 11 à — 20 = forte constitution.
— 21 à — 25 = constitution moyenne.
— 26 à — 30 = équilibre relatif.
— 31 à — 35 = constitution faible.
— 35 à — ... = mauvaise constitution.

Le coefficient au-dessus de + 10, appartient d'ordinaire aux obèses, c'est-à-dire aux individus peu aptes aux sports.

Pour comprendre la signification du premier terme

de + 10 à — 10

Prenons un nouvel exemple numérique :

$a = 1$ m. 72

$b = 83$ kilos

$c = 99$

Nous avons donc :

$$x = 172\ (83 + 99)$$
$$x = 172 - 182$$
$$= -10$$

Tandis que dans le 1er exemple nous avions :

a supérieur à $(b + c)$

Dans le second, nous avons :

$(b + c)$ supérieur à a

D'où le signe + dans l'un et le signe — dans l'autre.

Avec ce procédé très simple, chacun peut se rendre compte de sa valeur athlétique.

Si on a eu la précaution de se livrer à ce test, dès le début, puis à la fin de ce deuxième entraînement, on est en possession d'une presque certitude sur ses qualités sportives.

La nécessité pour l'étudiant de ces divers

examens de l'état physique au cours de ces quelques leçons de culture physique, est absolue. Les négliger c'est courir tout d'abord à un insuccès causé par les illusions sur son propre état; ensuite c'est risquer l'aggravation de lésions anciennes, ou la naissance de lésions nouvelles.

Il ne suffit pas de se dire : je me trouve en excellente santé, il faut savoir en rechercher mécaniquement la preuve.

L'équilibre du système nerveux est également nécessaire. Ici un test est à peu près impossible, tout au moins sans le concours du médecin.

On se contentera par conséquent, durant le cours de l'entraînement, d'éviter tout sujet d'excitation. Pour cela une vie régulière, une bonne nourriture, huit heures de sommeil, suffiront.

Certains métiers exigeant une attention soutenue, effort cérébral quelconque, auront une grande influence sur le système nerveux.

On compensera cet effort, par un sommeil plus prolongé, et surtout dans le calme.

Cet apaisement, on ne l'obtient, ni par le bain glacé, ni par les douches, le drap mouillé..., etc. bien au contraire. Le tub tiède, le bain un peu chaud, seront des calmants très supérieurs.

Pour d'autres métiers, le bain de propreté hebdomadaire reste insuffisant. Il ne faut en effet pas perdre de vue que la bonne respiration des tissus est une des nécessités premières de l'athlétisme

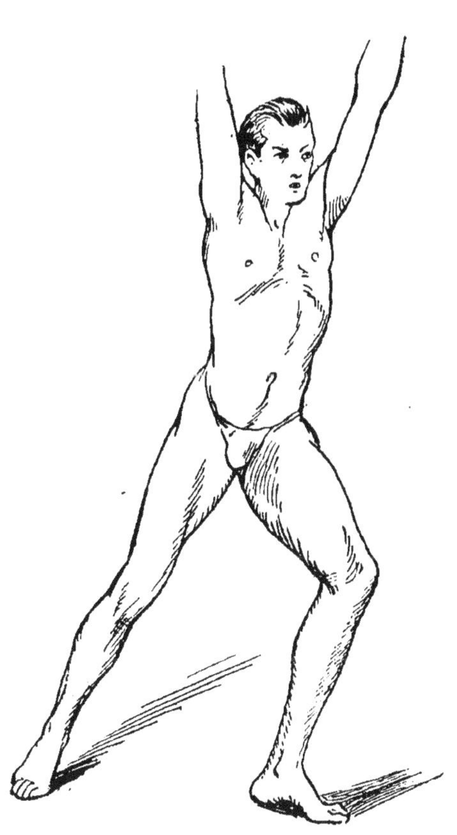

Figure 20.

Les travaux sédentaires, n'exigent pas d'exercices plus violents que ceux que nous avons décrits, mais, on y ajoutera la marche, le plus qu'il sera possible. Les emplois où l'on demeure longtemps dans la station debout, comme les vendeuses de magasins, les receveuses d'omnibus..., etc., contre-indiquent généralement les sports où les membres inférieurs jouent le principal rôle : la course, le saut, mais non pas le cyclisme modéré.

Pour ceux-là, le repos se fait dans la position allongée, et non point assis qui est une pose peu naturelle

Les métiers actifs : voyageurs, placiers, etc., sont passibles surtout de la 1re, 2e et 4e leçons. Ceux qui les exercent, étant bien constitués, sont aptes à tous les sports.

Un fait qui croyons-nous a été peu remarqué, c'est que la puissance physique suit une courbe régulière depuis le lever jusqu'au coucher.

Tandis qu'elle est voisine de zéro au premier réveil, elle va en montant et atteint son maximum dans le courant de l'après-midi, pour redescendre ensuite graduellement jusqu'à l'heure du sommeil, où elle retourne à zéro.

C'est pourquoi nous avons toujours conseillé

d'éviter l'effort au moment du réveil, lequel doit se faire lentement.

Les réactions pupillaires qui indiquent le retour de la sensibilité nerveuse, apprendront

Figure 21.

en même temps, que l'on peut se permettre un premier mouvement.

En d'autres termes, attendez de voir nettement pour sauter du lit. Trop de précipitation à ce moment est dangereux. Plus on avancera en âge, plus cette précaution deviendra nécessaire.

Egalement, patientez quelques minutes, que votre système nerveux ait repris son équilibre, avant de commencer les mouvements de gymnastique suédoise.

Le massage, au contraire, ayant lieu le soir, sera un repos pour l'appareil musculaire; sans lui, l'entraînement est incomplet.

Assurément l'athlète professionnel subit un massage beaucoup plus compliqué, mais encore une fois nous nous adressons ici à la masse des jeunes gens désirant pratiquer les sports, sans danger pour leur organisme.

Pour chaque sport, nous reviendrons avec soin sur les contre-indications, et les moyens de s'y adonner avec le minimum de risques.

Pour terminer, répétons que tout le long de cet ouvrage nous avons recommandé la prudence

Figure 22.

aux adolescents qui souhaitent devenir des sportifs.

Il ne s'ensuit pas, que détenteur d'une constitution faible, on doive négliger absolument la culture physique.

Telle n'est pas notre pensée, bien au contraire mais à ceux-là, tant qu'ils sont jeunes, nous disons : faites de la culture, exécutez nos mouvements, mais avec une extrême modération. Craignez la fatigue et l'essoufflement, n'allez jamais jusqu'à la paralysie plus ou moins complète d'un membre.

Après trente ans, lorsqu'il existe une lésion organique, soit du poumon, soit du cœur, il est préférable de se dispenser de toute gymnastique, que l'on remplacera d'ailleurs avantageusement par une marche en plein air.

Mais aux jeunes gens qui se sentent en bonne santé, avec un besoin intime d'activité, nous disons : commencez au plus tôt votre entraînement. Votre début cependant sera la marche rythmée pendant trois mois au moins; ensuite vous exécuterez nos quinze mouvements.

Vous y gagnerez outre la vigueur, un corps élégant, des gestes harmonieux, une élasticité qui vous évitera toute gaucherie au dehors.

En un mot, vous saurez vous servir aussi bien de vos mains que de vos jambes ; si vous dansez vous ne manifesterez jamais de raideur et dans tout le cours de votre existence, vous ferez preuve d'une désinvolture gracieuse qui sera un véritable attrait pour ceux qui vous entourent.

Quand vous aurez parcouru avec succès les deux premiers stades de l'entraînement, vous vous préparerez aisément à la course et aux divers sauts.

Ce sera l'objet de notre troisième étude, mais qu'on ne pourra aborder qu'après s'être bien pénétré des précédentes.

Enfin nous recommandons à l'étudiant de lire avec attention ce volume entier, avant de commencer les séances de gymnastique suédoise.

FIN

TABLE DES MATIÈRES

Saint-Denis. — Imp. J. Dardaillon.

www.ingramcontent.com/pod-product-compliance
Ingram Content Group UK Ltd.
Pitfield, Milton Keynes, MK11 3LW, UK
UKHW020604180726
13838UKWH00001B/426

9 782329 353760